地球上的
湖泊湿地

刘珊珊◎编著

在未知领域　我们努力探索
在已知领域　我们重新发现

延边大学出版社

图书在版编目（CIP）数据

地球上的湖泊湿地 / 刘珊珊编著 . —延吉 : 延边
大学出版社 , 2012.4（2021.1 重印）

ISBN 978-7-5634-4704-6

Ⅰ.①地… Ⅱ.①刘… Ⅲ.①湖泊—世界—青年读物
②湖泊—世界—少年读物③沼泽化地—世界—青年读物
④沼泽化地—世界—少年读物 Ⅳ.① P941.78-49

中国版本图书馆 CIP 数据核字 (2012) 第 058613 号

地球上的湖泊湿地

编　　　著：刘珊珊

责 任 编 辑：崔　军

封 面 设 计：映象视觉

出 版 发 行：延边大学出版社

社　　　址：吉林省延吉市公园路 977 号　　邮编：133002

网　　　址：http://www.ydcbs.com　　E-mail：ydcbs@ydcbs.com

电　　　话：0433-2732435　　传真：0433-2732434

发行部电话：0433-2732442　　传真：0433-2733056

印　　　刷：唐山新苑印务有限公司

开　　　本：16K　690×960 毫米

印　　　张：10 印张

字　　　数：120 千字

版　　　次：2012 年 4 月第 1 版

印　　　次：2021 年 1 月第 3 次印刷

书　　　号：ISBN 978-7-5634-4704-6

定　　　价：29.80 元

前言
Foreword

　　我们赖以生存的地球是丰富多样的，经过长时间的自然地质变化，会呈现出不同的地理形态，比如我们这本书所要介绍的湖泊和湿地。人们对于美的追求与感受是与生俱来的，美丽东西的存在注定是一件让人享受的事情，而湖水和湿地是最能让人体会到美的。

　　古今中外有太多绝美到让人念念不忘的湖泊，那些柔柔的湖水总会让人觉得她就是一个美丽的安静的俊俏女郎，而波涛汹涌的湖水就更像是一名英勇的骑士，充满着勇气与智慧。湖水总会给我们带来不同的感受，湖水在落日余晖的照耀下更是美的惊心动魄。自古至今，赞叹湖水之美的诗句数不胜数，有"欲把西湖比西子，淡妆浓抹总相宜"的美丽；有"八月湖水平，涵虚混太清。气蒸云梦泽，波撼岳阳城"的大气；有"一道残阳铺水中，半江瑟瑟半江红"的绝美景色。不论是形容湖水的安静、波澜壮阔还是大气十足，都会让人感觉到它不一样的美。由美丽的湖水而衍生出来的故事也有很多，比如我们非常熟悉的白素贞与许仙的凄美爱情故事，他们便是在美丽的西湖上相遇并且相爱的，最终发生了一段真挚的爱情故事。这样美丽的故事数不胜数，总之，美丽优雅的湖水总会给我们带来别样的感受。

感受过湖水的美丽，我们可以去领略一下湿地别样的风光。

关于湿地，可能很多读者并不是很了解，可能不知道湿地到底是什么？其实在这个大千世界上是有很多湿地的，所谓湿地是指不问其是天然或人工、长久或暂时的沼泽地、泥炭地或水域地带，带有静止或流动、是淡水、半咸水或咸水水体者，包括低潮时水深不超过 6 米的水域。根据这个定义，读者朋友可以想象一下这是一幅怎样的令人惊叹不已的美丽景色，柔弱中带有刚劲。在世界上众多的湿地中，我们可以听到衡水湖湿地古老的传说，可以感受到昌黎黄金海岸的神奇，更可以看到大沼泽湿地公园的各种以前闻所未闻的动物。湿地总可以给我们带来别样新奇的体验。描写湿地的诗句也是很多的，有白居易的《青芜卑湿地》的"小郡大江边，危楼夕照前。青芜卑湿地，白露深沵寥天"，就呈现出了一幅很美的湿地画面。

美的东西历来就会受到人们的赞扬，从他人的赞扬里我们就能感受到它们各具特色的美。对于湖泊的宁静和湿地的大气，我们只有在身临其境的时候才能淋漓尽致的去感受它，去体会它美的所在，但是受条件的限制，我们不可能将每一处的美景全部亲身前往去感受，本书带你全方面的认识世界上各色各样的湖泊和湿地，感受它们不一样的美，对它们有一个较为深切的了解，不仅增长知识，更可以开拓视野。

目录
CONTENTS

第❶章
我国的魅力湖泊

高原的江南——滇池 ···················· 2

杭州西湖 ···························· 5

洱海 ······························ 10

洪泽湖 ···························· 13

镜泊湖 ···························· 16

鄱阳湖 ···························· 18

长白山天池 ························ 21

太湖 ······························ 24

呼伦湖 ···························· 27

运城盐湖 ·························· 30

红碱淖 ···························· 33

罗布泊 ···························· 36

泸沽湖 ···························· 39

青海湖 ···························· 41

察尔汗盐湖 ························ 44

色林错湖 ·························· 47

南四湖 ···························· 49

第❷章
世界知名的魅力湖泊

贝加尔湖 ·························· 52

坦噶尼喀湖 ························ 55

苏必利尔湖 ························ 58

密歇根湖 …………………………………………… 61

陶波湖 ……………………………………………… 63

马拉开波湖 ………………………………………… 65

瓜达维达湖 ………………………………………… 67

加尔达湖 …………………………………………… 70

普利特维采湖 ……………………………………… 72

纳库鲁湖 …………………………………………… 74

安纳西湖 …………………………………………… 76

尼斯湖 ……………………………………………… 78

日内瓦湖 …………………………………………… 81

国王湖 ……………………………………………… 84

巴拉顿湖 …………………………………………… 86

拉多加湖 …………………………………………… 89

休伦湖 ……………………………………………… 92

苏黎世湖 …………………………………………… 95

第❸章

国内的魅力湿地

卧龙湖湿地 ………………………………………… 98

白洋淀湿地 ………………………………………… 101

衡水湖湿地 ………………………………………… 104

兴安盟科尔沁湿地 ………………………………… 107

七里海 ……………………………………………… 109

张家口坝上湿地 …………………………………… 110

拉鲁湿地 ·········· 112

庙岛群岛湿地 ·········· 114

闽江口湿地 ·········· 116

扎龙国家级自然保护区 ·········· 118

七星河国家级自然保护区 ·········· 121

崇明岛湿地 ·········· 123

丽江拉市海湿地 ·········· 126

昌黎黄金海岸湿地 ·········· 128

第❹章

世界上的美丽湿地

巴西潘塔纳尔沼泽地 ·········· 132

南非圣卢西亚湿地 ·········· 134

美国大柏树湿地 ·········· 136

韩国顺天湾湿地 ·········· 138

大沼泽国家公园 ·········· 140

卡玛格湿地 ·········· 143

奥卡万戈三角洲大湿地 ·········· 145

湄公河三角洲 ·········· 148

哥伦比亚山谷湿地 ·········· 151

我国的魅力湖泊

第一章

WOGUODEMEILIHUPO

　　中国湖泊众多，共有湖泊 24,800 多个，其中面积在 1 平方千米以上的天然湖泊就有 2,800 多个。湖泊数量虽然很多，但在地区分布上很不均匀。总的来说，东部季风区，特别是长江中下游地区，分布着中国最大的淡水湖群；西部以青藏高原湖泊较为集中，多为内陆咸水湖。

地球上的湖泊湿地

高原的江南—— 滇池

Gao Yuan De Jiang Nan——Dian Chi

滇池，位于中国昆明市西南，又名昆仑湖。海拔 1800 多米，湖面广阔，由内湖和外湖两部分组成，许多文物古迹和风景名胜均汇聚于此，是集自然景观和人文景观于一体的旅游胜地。其周围有数十个大小山峰环绕，风景独特，景色迷人，构成了一幅美丽的天然

※ 滇池

画面。1992 年，滇池风景区被列为国家旅游度假区，成为了全国首批创建的十二个国家级旅游度假区之一。同时也是云南省面积最大的高原湖泊，是全国第六大淡水湖，正是因为滇池有着迷人的景色和绝佳的地理位置，所以又堪称"高原明珠"。

◎名称由来

滇池的名字是通过三种角度的说法总结而得来的。一是，就地理形态而言，晋人常璩《华阳国志·南中志》中记载："滇池县，郡治，故滇国也；有泽，水周围二百里，所出深广，下流浅狭，如倒流，故曰滇池。"另一种说法是与方言有关，是音译而来，认为"滇颠也，言最高之顶。"也有的认为是彝族（甸）即大坝子。第三种说法，从民族称谓来考查，《史记·西南夷列传》有记载："滇"，在古代是这一地区最大的部落名称，楚将庄桥率部进入滇后，变服随俗称滇王，故有滇池部落。久而久之就有了今天的滇池名字一称。

◎滇池著名自然景观一览

滇池湖光广阔，一片宁静，十分壮观美丽。站在龙门上，向下俯瞰，滇池的美丽风光尽收眼底。周围风景名胜众多，与西山森林公园、大观公园等隔水遥相呼应，云南民族村、国家体育训练基地、云南民族博物馆等既相连成片又相对独立，互为依托，是游览、娱乐、度假的理想场所。

◎白鱼口

白鱼口位于滇池西南部，是昆明著名的风景疗养胜地。在此凭栏眺望滇池，波光一片，湖面上是来来往往的船只，群鸥逐浪。喂食海鸥成了来此游玩的旅客们与海鸥零距离接触的方式。到了春日樱花烂漫时节，一片霞红，景色十分绮丽迷人。

◎观音山

观音山因山上有一尊观音像而得名，是滇池的一大亮点，景区方圆123平方千米，集山、水、岩、洞、泉、寺、园诸神秀于一身，雄奇、清丽、幽深，与武夷同属丹霞地貌，被誉为："北夷南豸，丹霞双绝"。观音山有山奇、水秀、谷幽、岩深之神秀。有中开一谷的苍玉峡，惊而不险的丹梯云栈，放眼万里的一线天，冷风袭人的雪洞，泉水叮咚响的莲花洞，身姿绰约的姐妹岩，撩人遐思的玉女池等。目前，可游览的景观有四十余处，摩崖石刻三十九处。

▶ 知 识 窗

观音山的传说：相传在明初，由于滇池和大小鼓浪屿一带风狂浪高，造成舟船往来不便。黔国公沐氏命人在山上建观音殿以镇风波，观音山因此得名。也有民间传说，当年昆阳知县在昆明铸了一尊铜观音像，从水路运回昆阳，船至观音山下忽起狂风巨浪，急靠岸泊舟，三日后风平浪静，解缆欲行，风浪又起，如此多次，终不能行。有人说，这是观音显灵，她看中了这块风水宝地不愿离去。昆阳知县上山察看，四周景物美如蓬莱、普陀仙境，便命人把观音抬上山，建寺供奉，观音山从此名声倍增。也正是因为这个传说才有了观音山这个名字。

◎海埂湖滨公园

公园位于滇池的东北部，离昆明市区约7千米，是伸入滇池的湖中长堤。这里河港众多，纵横交错，路的两旁是柳树，柳树成荫，海埂南面的海滩是一片细软白沙。湖水由浅入深，更是天然的湖滨游泳场。夏日到这里游泳，击水逐浪，卧波纳凉，十分悠闲，宛如闲云野鹤般的生活，整洁葱绿，动、静结合的自然环境。同时，还能体会到彝、傣、白等别样的民族风情和好客之情。

※ 夏日滇池

◎郑和公园

为了纪念郑和而建立的郑和公园，公园内庄严肃穆，一片郁郁葱葱，苍松翠柏与果林交相辉映。南大门两侧有"郑和七下西洋"的浮雕，画面是浩浩荡荡的船队，气势十足，向西乘风破浪气势雄浑，十分壮观。东大门在昆阳大街中段，玻璃坊顶，翼角红墙。园内建有"郑和纪念馆"和"马哈只碑"等。郑和纪念馆里陈列着 100 多件各式各样的珍贵文物，其中有郑和航海图、郑和远洋楼船模型、郑和下西洋的图片及文字资料。纪念馆中所展览的物品都是上些纪念"郑和七下西洋"的伟大功勋。

| 拓展思考 |

1. 郑和七下西洋有哪些伟大的贡献？
2. 滇池还有其他著名的风景区吗？

杭州西湖

Hang Zhou Xi Hu

西湖两个字对大家来说想必都不陌生，我们小时候看的《新白娘子传奇》中白娘子和她的相公许仙，就是在这里上演了一段人蛇之恋。我们不仅沉醉于白娘子和许仙的爱恋里，更让人着迷的是西湖的美景与神秘。西湖位于浙江省杭州市西部，它是一个湾湖。根据史书记载：远在秦朝时，西湖还是一个和钱塘江相连的海湾。吴山和宝石山耸峙在西湖南北，是当时在这个小海湾所环绕的两个岬角。后来受潮汐冲击力的影响，泥沙在两个岬角淤积起来，逐渐变成沙洲。经过长时间的地质作用，沙洲不断向东、南、北三个方向扩展，终于把吴山和宝石山的沙洲连在了一起，形成了一片冲积平原，把海湾和钱塘江分隔开来，原来的海湾变成了一个内湖。

西湖形态相近于等轴的多边形，湖面被孤山及苏堤、白堤两条人工堤分割为五个子湖区，由于子湖区间由桥孔连通，致使各个部分的湖水

※ 西湖

不能混均匀，造成各湖区水质差异，大部分径流补给先进入西侧三个子湖区，再进入外西湖；湖水总面积 5.593 平方千米，总容积 1.10 亿立方米，平均水深 1.97 米。西湖底质是由一种有机质含量特别高的湖沼相沉积所形成，属于粉砂质黏土或粉砂质亚黏土的性质。

◎名称由来

早在北魏郦道元的《水经注》已有记载："县南江侧，有明圣湖，父老传言，湖有金牛，古见之，神化不测，湖取名焉"。这个时期西湖是有另外的两个名字：明圣湖和金牛湖。大约到了东汉时期，一位叫华信的地方官，在西湖以东地带筑塘抵捍钱塘江咸潮而得名钱塘湖。这是唐朝以前西湖通用的名称"钱塘湖"。隋以后从位处

※ 迷人西湖

西湖之西，迁建到西湖之东，也就是原来在城东的钱塘湖，现在位于城西了。湖居城西，故名西湖，至迟在唐代，"西湖"这个称呼已经被频繁使用。自此，便一直被称作西湖。

◎西湖十景

西湖十景形成于南宋时期，基本围绕西湖分布，有的也位于湖上。苏堤春晓、曲院风荷、平湖秋月、断桥残雪、柳浪闻莺、花港观鱼、雷峰夕照、双峰插云、南屏晚钟、三潭印月。西湖十景各擅其胜，组合在一起又能代表古代西湖胜景精华，所以，无论杭州本地人还是外地山水客都津津乐道，先游为快。

◎苏堤

在北宋大诗人苏东坡任杭州知州时，他疏浚西湖，利用挖出的葑泥构筑而成了一条堤坝，就是现在的苏堤。后人为了纪念苏东坡治理西湖的功绩，将它命名为苏堤。长堤卧波，连接了南山、北山，更是西湖的一道亮丽风景线。

南宋时期，苏堤春晓便已经是西湖十景之首，元代又称之为"六桥烟柳"而列入钱塘十景，由此可见人们对它的喜爱。苏堤望山桥南面的御碑亭里立有康熙题写的"苏堤春晓"碑刻。苏堤蜿蜒两千余米，两旁遍植桃柳，四季景色各异，每到温暖的三月，柳树成荫，掩映湖面，妙趣连连。有诗为证："树烟花雾绕堤沙，楼阁朦胧一半遮。"苏堤由南向北有映波桥、锁澜桥、望山桥、压堤桥、东浦桥和跨虹桥。杭州人将这六座桥俗称为"六吊桥"，也是苏堤春晓的一大亮点。

◎三潭印月

三潭印月景区在外西湖西南部的水域，包括小瀛洲及其南侧三座葫芦状石塔，以赏月和水上园林著称。现在全岛面积约 7 公顷，水面占 60%。小瀛洲前身为水心保宁寺，也称湖心寺，北宋时为湖上赏月佳处，其园林建筑和景物布局，在 18 世纪初已基本形成。清《湖山便览》卷三："万历三十五年，钱塘令聂心汤请于水利道王道显，绕滩筑埝，成湖中之湖，以为放生之所。三十九年，令杨万里继筑外埝，至四十八年而规制尽善。"从空中俯瞰，全岛如一个特大的田字，构成了"湖中有岛，岛中有湖"的奇景。小瀛洲具有典型的江南水上园林特色，主要景点包括浙江先贤祠、九曲桥、九狮石、开网亭、亭亭亭、竹径通幽和我心相印亭。湖面三塔始建于北宋元祐五年（1090 年）苏轼浚湖期间，当时所在位置与现在不同。据清初文献记载，今三塔是清代康熙年间所建。三石塔顶为葫芦状，塔身呈球状，高出水面 2 米，中空，环塔身均匀分布 5 个小圆孔，塔基为扁圆石座。三塔呈等边三角形分布，每边长 62 米。

◎孤山

孤山位于北侧外西湖中，海拔 35 米，面积约 0.22 平方千米，为栖霞岭的支脉，也是西湖中最大的岛屿。南宋咸淳《临安志》卷二十三："一屿耸立，旁无联附，为湖山胜绝处。"今山上林木葱蔚，多历代人文古迹留存。孤山东西分别以白堤和西泠桥与湖岸相连，且岛上名胜古迹甚多，因此杭州人将"孤山不孤""寡人孤"，与"断桥不断""情谊断"、"长桥不长""情意长"并称西湖三怪。孤山上主要的景观包括中山公园、浙江省博物馆、文澜阁、西泠印社、放鹤亭、秋瑾墓、俞楼、慕才亭（苏小小墓）等。

◎湖心亭

湖心亭在外西湖中心。清雍正《西湖志》卷九："亭在全湖中心，旧有湖心寺，寺外三塔，明孝宗时，寺与塔俱毁。聂心汤《县志》称：湖心寺外三塔，其中塔、南塔并废，乃即北塔基建亭，名湖心亭。复于旧寺基重建德生堂，以放生之所。据此，则旧湖心寺乃今放生池，而今之湖心亭，乃三塔中北塔之基地。"《湖山便览》卷三：明"万历四年按察佥事徐廷裸重建，额曰'太虚一点'，司礼监孙隆叠石四周，广其址，建喜清阁，但统称曰'湖心亭'。国朝重加葺治，左右翼以雕阑，上为层楼……。"清乾隆二十七年乾隆帝御书"光澈中边"匾额。抗日战争后，喜清阁旧址先后改建为财神殿和观音大士殿。1980年在岛上刻置"虫（异体字，为繁体字"风"的中间部分）二"太湖石碑一块，意指"风月无边"。

◎阮公墩

阮公墩在外西湖中，位于湖心亭西。清嘉庆五年（1800年），浙江巡抚阮元疏浚西湖时以所挖葑泥堆叠成岛，俗称"阮滩"。岛南北长34米，东西宽33米，面积0.57公顷，长期以来岛上无建筑，杂树荒草丛生，成为候鸟栖息地。1952～1958年间疏浚西湖时，岛四周加添乱石护岸，面积稍有拓宽。1977年，岛四周驳勘，再次扩大面积并加填客土。1981年，又在岛上添土1000余吨，建"环碧小筑"。岛上有忆芸亭（阮元号"芸台"）、云水居等建筑。1982年，岛上开辟西湖第一处垂钓区，游人可登岛品茗、垂钓。1984年起，岛上举办"环碧庄"仿古旅游，在西湖夜游活动中颇受欢迎。

◎西湖的自然资源及特产

西湖多数水域处于富营养状态，小南湖和三潭内湖已接近富营养下限，主要污染物是生活污染，氮、磷超过正常值4～6倍；年平均水温17.6℃，最高10月28.6℃，最低3月4.0℃，无湖冰；80年代初，鱼类有51种，分属10目16科43属。鱼类来源有：固有野杂鱼；钱塘江带入鱼类；人工引进驯化的养殖鱼种，养殖鱼类成为优势。西湖最主要的放养鱼种是鲢和鳙，前两者占总放养量的75%～80%，其次是鲫、河内鲫，其他养殖鱼类还有团头鲂、细鳞鲴、圆吻鲴、以及鳗鲡等，为保护大型水生植物，停止放养草鱼和青鱼，西湖还有少量蝌蚪。

西湖特产有：西湖龙井、西湖醋鱼、西湖野鸭、西湖酥鱼、西湖莼菜、西湖藕粉、西湖牛肉羹、西湖绸伞、慧娟火腿、笋干老鸭面、桂花鲜栗羹、杭州天堂伞、西湖桂花、西湖蜜皇彩花等。

▶ 知识窗

　　苏轼（1037～1101年），字子瞻，号东坡居士，北宋眉山人，是著名的文学家，唐宋散文八大家之一。他学识渊博，多才多艺，在书法、绘画、诗词、散文各方面都有很高造诣。他的书法与蔡襄、黄庭坚、米芾合称"宋四家"；善画竹木怪石，其画论、书论也有卓见，是北宋继欧阳修之后的文坛领袖，散文与欧阳修齐名；诗歌与黄庭坚齐名；他的词气势磅礴，风格豪放，一改词的婉约，与南宋辛弃疾并称"苏辛"，共为豪放派词人。

　　关于雷峰塔还有一段动人的爱情故事，这段传说发生在宋朝时的杭州、苏州及镇江等地。蛇妖白素贞，为了报答书生许仙前世的救命之恩，化为人形欲报恩，后遇到青蛇精小青，两人结伴。白素贞用法力与许仙相识，最后结成连理。婚后金山寺和尚法海对许仙讲白素贞乃蛇妖，许仙将信将疑。后来许仙按法海的办法，端午节的时候偷偷在白素贞喝的酒中加上雄黄，白素贞显出原形，致使许仙被吓死。为救活许仙，白娘子上天盗取了灵芝。法海将许仙骗至金山寺并软禁，白素贞同小青一起与法海斗法，于是有了我们都曾听说过的水漫金山寺，白素贞更是因此伤害了其他生灵，触犯了天条，在生下孩子后便被法海收入钵内，镇压于雷峰塔下。后白素贞的儿子长大得中状元，到塔前祭母，文曲星驾临感动神灵，法力失效，宝塔坍塌。将母亲救出，合家团圆。这段传说还被拍成电视剧《白蛇传》并家喻户晓。

| 拓展思考 |

　　1. 你知道哪些关于荷花的诗句？

　　2. 你最想去杭州西湖哪个景点？

　　3. 西湖的老十景都包括哪些？

洱海

Er Hai

　　望无际的海面，在阳光的照耀下熠熠生辉，让人神清气爽。这便是仅次于滇池的云南第二大湖——洱海，因源于湖的形状酷似人耳，故名洱海。向下俯瞰，洱海宛如一轮新月，静静地依卧在苍山和大理坝子之间。洱海共有三岛、四洲、五湖、九曲。洱海属断层陷落湖泊，湖水异常清澈，可以看到很深的地方，一直享有"群山间的无瑕美玉"的美名。传说在海底生长着一棵硕大无比的玉白菜，清澈透明、碧波莹莹的湖水，便是这玉白菜心底沁涌出来的玉液。洱海位于大理市境内，是白族人民心中的"母亲湖"，白族先民称之为"金月亮"。

※ 洱海

◎洱海的特征和环境

　　洱海曾叫"叶榆泽""昆弥川""西洱河""西二河"等。洱海也是中国著名的高原湖泊，水面海拔 1972 米左右，北起洱源县江尾乡，南止于大理市下关镇，形如一弯新月，南北长 41.5 千米，东西宽 3～9 千米，周长 129.14 千米，面积 252.91 平方千米。洱海属澜沧江水系，北有弥苴河和弥茨河注入，东南汇波罗江，西纳苍山十八溪水，水源丰富，汇水面积 2565 平方千米，平均容水量为 27.94 亿立方米，平均水深 10.8 米，最深处达 21.5 米。湖水从西洱河缓缓流出，最终与漾江汇合注入澜沧江。洱海属构造湖，湖岸东西多崖壁，北西南三面为沙洲。洱海碧波盈盈，十分清澈，好似一面玉镜，镶嵌在苍山脚下。湖光山色，秀丽无比，宛若无瑕的美玉，素有"银苍玉洱"之誉，"高原明珠"之称。

洱海位于云南市区下关，冷空气流速特别快，经常会带来十分猛烈的风，时速达 12～14 米/秒，最大时速达 28 米/秒，妇人骑车、步行经常会出现被掀倒的情况。一年之中，大风有 35 天以上，下关一年四季都有大风，有时风力达八级以上。故下关有"风城"之称。

※ 迷人洱海

关于下关风至今还流传着一段动人的传说，相传住在苍山斜阳峰上一只白狐狸，她爱上了下关一位白族书生，终于为了和书生交往化作人形，他们最终相爱，但是他们相爱的事被洱海罗荃寺的法师罗荃发现了，他认为人妖是不能在一起的，便施法将书生打入洱海。狐女为救书生，去南海求救于观音，观音给她 6 瓶风，让她用瓶中的风将洱海水吹干以救出书生。当狐女带着 6 瓶风回到下关天生桥时，却不幸遭到了罗荃法师的暗算，摔倒在地，5 瓶风被打碎了，于是大风全聚集在天生桥上，故下关风特别大。但传说终归只是传说，根据科学解释是由于苍山十九峰的海拔高的缘故，造成东西两面的空气对流不能正常进行，而苍山斜阳峰和哀劳山脉的者摩山之间的下关天生桥峡谷仅为下关空气对流的出口，因此引起下关特别大的风。

位于大理苍山云弄峰之麓的上关是一片草原，一望无际，十分广阔，每到阳春三月更是鲜花铺地，一片妖娆的景色，人称"上关花"；据考察得知所谓的上关花其实就是"木莲花"，因大理气候温和湿润，寒止于凉，暑止于温，最宜于花木生长，于是，爱花也成了白族人民的一种生活习俗。上关花名称的得来是由于古时上关有一棵叫"朝株花"的奇花，它花大如莲,开 12 瓣,闰年 13 瓣,香闻十里,果实可作朝株。

由于海拔较高,苍山有终年不化的积雪,峰顶更是寒冷难耐,终年白雪皑皑,在阳光下一片洁白,十分壮观。经夏不消的苍山雪,是素负盛名的"风花雪月"之最。相传在古代有一年苍山脚下瘟疫流行,有两兄妹用学到的法术把瘟神赶到山顶上,埋在雪里冻死了。为了使瘟神不得复生,妹妹变成了雪人峰的雪神,永镇苍山。更是源于这些千年不化的雪,使得洱海别有一番滋味。

▶ 知识窗

古今文人都有为苍山雪留下的诗句。明代杨升庵说它"巅积雪,山腰白云,天巧神工,各显其技"。元代黄华老人的诗碑中写它"桂镜台挂玉龙,半山飞雪天风"。明朝翰林学士张来仪又形容它"阴岩犹太古雪,白石一化三千秋"苍山雪景的宏博壮丽,堪与阿尔卑斯山媲美。

◎洱海景点之洱海月

在洱海月这个把所有美好的东西都聚集在一起的胜景里也有着一段象征性的传说。传说月宫里的公主思慕人间,来到洱海边与渔民岸黑成婚。为了帮助渔民过上好的日子,她把自己的宝镜放在海中,照得鱼群清清楚楚。渔民打鱼多了,从此过上了富足的日子。公主的宝镜在海中变成了金月亮,世世代代放射着光芒,所以又被白族人民称为"金月亮"。每到农历八月十五日的中秋节晚上,居住在大理洱海边的白族人家都要将木船划到洱海中,唱歌、划船于这洒满月光的海中,是多么有诗意的事情呀!

1962 年 1 月,著名作家曹靖华为风花雪月题诗曰:

上关花,下关风,下关风吹上关花;

苍山雪,洱海月,洱海月照苍山雪。

拓展思考

1. 你还知道哪些描写风花雪月的诗呢?

2. 看到这么美丽壮观的景色你有什么感慨?

洪泽湖

Hong Ze Hu

美丽的洪泽湖是我国第四大淡水湖之一，洪泽湖位于江苏省西部淮河下游，原为浅水小湖群，古称富陵湖，两汉以后称破釜塘，隋称洪泽浦，唐（618～907 年）改名为洪泽湖。洪泽湖的整个形状很像一只昂首展翅欲飞向天空的巨大天鹅。由于洪泽湖是发育在冲积平原的洼地上，造成湖底浅平，是平缓的坡，湖底高出东部苏北平原 4～8 米，成为一个"悬湖"。然地壳断裂形成的凹陷，是洪泽湖形成的自然因素，大筑高家堰（洪泽湖大堤）是洪泽湖完全形成的人为因素，更是决定性的因素。因此，洪泽湖被称为"人工湖"。

※ 洪泽湖

◎洪泽湖的形态、生态特征

洪泽湖上有一条位置水而建的千年古堤，十分有名，与都江堰齐名，全长 67.25 千米，古堤几乎全用玄武岩的条石砌成，蜿蜒曲折有 108 弯之说。从远处看去，宛如一座横亘在湖边的水上长城。这条长堤不仅保护着下游地区的万顷良田和千百座村镇，而且拦蓄的丰富水源为航运、发电、灌溉提供了很大的便利。

洪泽湖内有很多的营养物质，所以湖内有鱼类近百种，以鲤、鲫、鳙、青、草、鲢等为主；洪泽湖的螃蟹也

※ 傍晚时分的洪泽湖

是远近驰名的。此外，洪泽湖的水生植物非常著名。芦苇几乎遍布全湖，繁茂处连船只都难以进入。莲藕、芡实、菱角在历史上素享盛名，曾有"鸡头、菱角半年粮"的说法。

◎洪泽湖万顷碧波的胜景

广阔的湖面，带有一丝甜味的湖水，哺育着江苏省千百万人民。湖内既有鱼鳖虾蟹，又有鸡鸭鹅鸟，还有各色各样的水生植物。平静辽阔的湖面，时而波涛滚滚，大浪排天；时而风平浪静，水平如镜。极目远眺，白帆点点，机声隆隆，南来北往的运输船队，络绎不绝，忙碌而充实的情景，构成一幅美丽动人的图画。同时，也利于"五湖"和"五岳"携手共进，合作发展。

◎洪泽湖港坞帆墙的胜景

每当洪泽湖潮汛期来临时，水深、高速的风、巨大的浪，对过往湖中渔民造成很大的威胁。因此在湖东岸建有筑坝、高良涧两座避风港。随着水运的发展，1966年加固洪泽湖大堤时，增建九龙湾、夏家桥、周桥三座避风港，1994年又在洪泽湖心建一座避风港，另加三座船闸，让渔民做避风之用。这些避风港，四周皆用石工砌成，异常牢固，安全系数较大。船泊其中，在船头仰视，俨如数十仞之城墙；港坞外，浪花飞雪腾湖面，百里狂涛撼大千。出航时，千篙拨得烟霞乱，万里航行捷足先。景象十分壮观，令人惊叹不已。

地处泗洪县城东南的临淮，为洪泽湖北岸之半岛，三面临水，古时为临淮郡志，三国时，是东吴大夫鲁肃的出生地。抗日战争、解放战争时

期，为洪泽湖管理局、洪泽县人民政府所在地，现为水产养殖基地。四面皆是河堤，像一颗璀璨明珠飘浮在碧波盈盈的湖面上。每当黎明之际，站在防洪大堤上，极目东眺，一轮红日从平静如镜的湖面上冉冉升起，灿烂朝霞映照湖水，湖面被阳光所映射的美景令人称奇，捧出即将出浴的金娃，摇晃于水盆之中，此情此景，较之泰山观日更是有过之而无不及。这就是美丽的临淮日出，让人沉醉其中，流连忘返。

此外，还有龟山晚眺、明陵石刻、墓园春晓、镇水铁牛等景区，更是让人惊叹不已。

由于洪泽湖水深、风疾、浪大，为了加固洪泽湖大堤，便铸造了"九牛二虎一只鸡"，放在大堤水势要冲，以祈镇水。传说铁牛当初铸造之时，肚内本是金心银胆，夜间还常常跑到田里偷吃老百姓的庄稼，当人们出来打时，一棍打了它的双角。此后又有个贪财之徒，偷摘了铁牛的金心银胆，铁牛因此动弹不得，也就失去了镇水的作用。这便是"九牛二虎一只鸡"的传说。现存的铁牛大小如真牛，均作昂首屈膝状，似哞哞欲叫，十分可爱，横卧在厚约 10 厘米的联体铁座上，做工十分精妙，栩栩如生，重约 2500 千克。

知 识 窗

五湖指：洞庭湖、鄱阳湖、太湖、巢湖、洪泽湖
五岳指：东岳泰山、西岳华山、南岳衡山、北岳恒山、中岳嵩山

拓展思考

1. 你还知道哪些关于洪泽湖的传说？
2. 洪泽湖形成的因素都有哪些？

镜泊湖

Jing Bo Hu

※ 镜泊湖

镜泊湖位于黑龙江省牡丹江市西南面。由于五千年前历经五次火山爆发，由熔岩阻塞河流的作用形成的高山堰塞湖，它也是世界上少有的高山湖泊。以纯天然的卓越风姿和俊美神秘的景观闻名于世，同时也是国家著名风景区和避暑胜地。状似蝴蝶的湖泊十分美丽。其西北、东南两翼逐渐翘起，湖中大小岛屿星罗棋布，湖水南浅北深，湖面海拔 350 米，最深处超过 60 米，最浅处则只有 1 米；湖泊是非常狭长的，南北长 45 千米，东西最宽处 6 千米，面积约 91.5 平方千米。景区总面积1214 平方千米，容水量约 16 亿立方米。被称为中国最大、世界第二大高山堰塞湖。

◎名称由来

镜泊的意思是湖面平静如镜，其名字的来源也是因一段美丽的神话传说逐渐演变而来。相传在很久以前，在牡丹江畔住着一个美丽善良的红罗女，她有一面宝镜。哪里的人们有苦难，她只要用宝镜一照，便可以消灾弭祸。王母娘娘得知了此事，非常妒忌，便派天神盗走了宝镜。红罗女上天索取，与王母娘娘发生了争执，争执中宝镜不小心从天上掉了下来，就变成了现在的镜泊湖，镜泊湖的美名也就随之诞生了。

◎地理成因

约在第四纪的中晚期火山爆发，玄武岩浆堵塞牡丹江道而形成的火山熔岩堰塞湖泊。全湖分为北湖、中湖、南湖、和上湖四个湖区。走向为西南至东北，十分曲折，呈 S 型，湖岸多港湾，湖中大小岛屿星罗棋布，最著名的湖中八大景犹如八颗光彩照人的明珠，镶嵌在这条飘在万绿丛中的缎带上，异常美妙。这最著名的八大景是吊水楼瀑布，大孤山、小孤山、白石砬子、城墙砬子、珍珠门、道士山和老鸹砬子。天然的镜泊湖，风韵奇秀。山水相互交映，美丽至极，曲径通幽。世代流传动

※ 壮观的镜泊湖

人传说，更为这北方的名湖，添加了一抹神奇的色彩。

> **知 识 窗**
>
> 　　景区主要特点是：冬季干燥且寒冷，夏季高温多雨，春秋两季气候变化十分大。年平均降水量 589.6 毫米。年平均气温 1.3℃，年温差高达 38℃－48℃。春季（3～5月）经常发生春旱和大风，气温回升快而且变化无常，升温或降温一次可达 10℃左右。平均季降水量 50 毫米～80 毫米，仅占全年的 15％左右。
>
> 　　夏季（6～8月）炎热湿润多雨。7月份平均气温 19℃～20℃，最高气温达 38℃。平均降水量 200～400 毫米，占全年的 60％～70％。由于降水集中，间有暴雨，易发生洪涝灾害，因此，夏季需防洪、防涝。
>
> 　　受气候影响，最佳旅游时间是每年的 6 月至 9 月份。这段时间的平均气温为 17.3℃，水位也是全年最高季节，瀑布之美令人惊叹不已。加上少风，因此湖中波平如镜，"镜泊湖"的特色更为突出。

拓展思考

1. 镜泊湖最吸引人的地方是什么？
2. 镜泊湖都有什么动植物？

地球上的湖泊湿地

鄱阳湖

Po Yang Hu

鄱阳湖位于江西省北部、长江的南岸，南北长173千米，东西最宽处74千米，平均宽16.9千米，湖岸线长1200千米，湖口水位21.71米。湖水的主要来源包括赣江、抚河、信江、饶河、修河、博阳河和西河等河道，在经过调理后，向北经湖口缓缓注入长江。流入长江的水量每年平均1460亿

※ 鄱阳湖

立方米，比黄、淮、海三河水量的总和还要多。鄱阳湖水系流域面积16.22万平方千米，约占江西省流域面积的97%，占长江流域面积的9%，其水系年均径流量为1525亿立方米，约占长江流域年均径流量的16.3%。鄱阳湖在九江的水面约20万公顷，流域有都昌、湖口、星子、永修、德安、庐山区等六个县（区），它是赣北的一颗明珠。源于这些庞大惊人的数字，鄱阳湖被誉为中国第一大淡水湖。

早在古代对鄱阳湖有过彭蠡湖、彭蠡泽、彭泽湖、澎湖、扬澜湖、宫亭湖等多种称谓。《汉书·地理志》"豫章郡彭蠡"条载："彭蠡泽在西"。还有另一种说法："彭者大也，蠡者瓠瓢也。"形容鄱阳湖状如大瓢，因此第一个称谓"彭蠡湖"由此出现。另一方面，由于它原本是星子县东南鄱阳湖的一部分，因湖旁有宫亭庙而得名，后来逐泛指鄱阳湖的全部；故出现第二个称谓"宫亭湖"。李纲《彭蠡》诗："世传扬澜并左蠡，无风白浪如山起。"宋余靖《扬澜》诗："彭蠡古来险，汤汤贯侯卫。源长云共浮，望极天无际。传闻五月交，兹时一阴至。飓风生海隅，馀力千里噎。万窍争怒号，惊涛得狂势。"不仅诗句如此，也由一些亲身经历过鄱阳湖风涛险恶的人们而得名，故第三个称谓"扬澜湖"。

鄱阳湖通常以都昌和吴城间的松门山为界，一共分为南北（或东西）

两湖。松门山西北为北湖，或称西鄱湖。湖形狭窄，但实际上却是一条通江港道，长 40 千米，宽 3 至 5 千米，最窄处约 2.8 千米。松门山东南为南湖，或称东鄱湖，湖面十分广阔平静，是湖区主体，长 133 千米，最宽处达 74 千米。平时水位湖面高于长江水面，湖水北泄长江。经鄱阳湖调节，赣江等河流的洪峰可减弱 15%～30%，从而极大的减小了洪峰对沿岸造成的严重威胁。鄱阳湖及其周围的军山湖、青山湖、象湖等数十个大小湖泊。鄱阳拥有湖泊 1087 个，各种风格不一的湖遍布全县，到处湖光十色，享有"中国湖城"和"东方威尼斯"的美誉。

该湖区受修河水系和赣江水系影响，枯水期水落滩出，形成草洲河滩与 9 个独立的湖泊；丰水期 9 个湖泊融为一体，形成鄱阳湖水的一片广阔的湖水海洋。该地是迁徙水禽及其重要的越冬地，1992 年被列入"世界重要湿地名录"，并成为有名的国家湿地公园。

◎珍禽王国

鄱阳湖因其绝佳的地处位置，在 1992 年被列入"世界重要湿地名录"，更是成为许多珍稀水禽及森林鸟类的栖息地和越冬地。许多世界珍稀濒危物种都聚集于此，并保存了一定数目，是保存生物多样性的重要地方。保护区最为人们熟悉也是最重要的组成部分就是大批的鸟类。

※ 群鸟飞翔在鄱阳湖上空

生活在鄱阳湖的白鹤是我国一级保护动物，野外总数大约为 3，000 只，其中 90% 在鄱阳湖越冬。白枕鹤为我国二级保护动物，野外大约有 5，000 只左右，60% 在鄱阳湖越冬。另外，非常珍贵并已濒临灭绝的鸟还有白鹳、黑鹳、大鸨等国家一级保护动物；白琵鹭、小天鹅、黑冠鹃隼、鸢、黑翅鸢、乌雕、凤头鹰、苍鹰、雀鹰、白尾鹞、草原鹞、白头鹞、游隼、红脚隼、燕隼、灰背隼、灰鹤、花田鸡、小杓鹬、小鸦鹃等国家二级保护动物。冬天，98% 的白鹤与数十万的天鹅会选择到鄱阳湖越冬，堪称天下奇观，这里是白鹤的天堂，天鹅的故乡。

辽阔浩渺的鄱阳湖在丰水季节是水的天地，山水连成一片，辽阔无极，人在其中，犹如置身于大海；枯水季节水落滩出，形成了广袤的湿地草洲，构成了美丽的江南大草原；区域内的沙山，群山林立，蜿蜒长达十余里，构成了令人惊叹的水乡大漠。

江南属地最壮阔美丽的大草原，鄱阳湖，长江边，一片苍茫的绿色与湖水溶于一体。每年春、秋、冬三季，一片郁郁葱葱，草深过膝。一到冬季，则芦苇丛丛，满天飞舞的芦花、候鸟翩飞，美不胜收，是自然生态之旅的首选之地。

▶ 知 识 窗

1992年2月，被WWF列为具有全球意义的A级优先保护领域。

1992年7月，被指定为国际重要湿地，是我国首批6个国际重要湿地之一。

2002年，加入了中国生物圈保护区网络。

2006年，被省委宣传部、省旅游局、建设厅、江西日报等四家单位评为"江西十大美景"。

2008年，荣获"斯巴鲁生态保护奖先进集体"奖。

2011年，在湖城首映江西鄱阳原生态电影《背影》。

2011年，电影《背影》影片获国家广电总局2011年度全国优秀推荐影片。

| 拓展思考 |

1. 你知道中国五大淡水湖是哪几个，位于什么位置？
2. 世界上最大的淡水湖是什么湖？

地球上的湖泊湿地

长白山天池

Chang Bai Shan Tian Chi

长白山是中国十大名山之一，并与五岳齐名。由于它的峰顶上有很多常年不化的积雪和大量的白色浮石而得名，素来享有"千年积雪万年松，直上人间第一峰"的美誉。大自然赋予了它得天独厚的资源，使之成为集生态游、风光游、边境游、民俗游四位一体的旅游胜地。

※ 长白山天池

长白山原是一座火山。据史籍记载，自 16 世纪以来它又爆发了 3 次，在火山爆发喷射出大量熔岩之后，经长时间的地质作用火山口处渐渐形成盆状，经年累月，积水成湖，便成了现在的天池。由于长白山的海拔较高，水面海拔达 2150 米，所以被称为"天池"。长白山位于中、朝两国的边界，气势磅礴，资源非常丰富，景色亦是引人入胜。

◎地形

天池呈椭圆形，周围长约 13 多千米，南北长 4.85 千米，东西宽 3.35

千米，湖面面积 10 平方千米，海拔 2194 米，平均水深 204 米。据说中心深处达 373 米。在天池周围环绕着 16 个山峰，天池犹如一块美玉镶嵌在群峰林立的山间。湖周峭壁百丈，环湖与群峰环抱。气候的变化非常的大，湖面上常常弥漫着蒸汽，尤其天色阴沉，犹如置于仙境一般。晴朗时，池中皆是云朵的倒映，绚烂多姿，景色秀丽，让人着迷。

天池的水从一个小缺口上溢出来，流出约 1000 多米，从悬崖上往下泻，就成了著名的长白山大瀑布。水流急湍，一泻千丈，浪花飞溅，如雨似散，数里之外能闻其轰鸣之声。水流长年不断，生动地再现了"疑似龙池喷瑞雪，如同天际挂飞流"的神奇境界，游者身临其境，会产生细雨飘洒、凉透心田的诗意感受。

◎气候

长白山湖区属中温带湿润气候，年均气温－7.4℃，冬季长达 10 个月之久，1 月平均气温－24.0℃，极端最低气温－44℃（1962 年 12 月 15 日）；夏季短促，7 月平均气温 8.5℃，极端最高气温 19.2℃（1964 年 8 月 3 日）。多年平均无霜期 60d，降水量 1407 毫米，6～9 月约占全年降水量的 70%，降水日数 209d；蒸发量 450 毫米。冬季湖区积雪 1.0 米左右，

※ 霞光照射下的长白山天池

积雪日数 258 天。刮偏西风，年均风速 11.7 米/秒，最大风速 40.0 米/秒，尤其是 11 月份到翌年 4 月份，月平均风速均在 12.0 米/秒以上，12 月份达 17.4 米/秒，6～9 月风力较小，8 月平均风速 6.8 米/秒。湖区植被在海拔 2000 米以下主要是岳桦林；2000 米～2500 米为高山苔原，湖的周围主要植物有石花、杜香、马兰、牛皮杜鹃等；2500 米以上植物稀疏矮小，呈斑状分布的低级苔藓群落，或地表岩石裸露，有浮石、黑曜石、粗面岩、集块岩、凝灰岩，还有火山弹、火山角砾等。

◎传说

据说，天池原是太白金星的一面宝镜。西王母娘娘有两个女儿，模样十分俊俏，谁也难辨姐妹俩究竟谁更美丽。于是在蟠桃盛会上，太白金星掏出宝镜说，只要用它一照，就能看到谁更美。小女儿先接过镜子一照，便羞涩地递给了姐姐。姐姐对着镜子左顾右盼，越看越觉得自己漂亮。这时，宝镜说话了："我看，还是妹妹更漂亮。"姐姐一气之下，便将宝镜抛下瑶池，落到人间变成了现在的天池。

还有一个传说，说长白山有一个喷火吐烟的火魔，使全山草木枯焦，烈焰终日不灭，百姓生活十分困苦。于是有个名叫杜鹃花的姑娘，为了降服作孽多端的火魔，抱着冰块钻到火魔的肚子里，为了能熄灭熊熊大火，火灭后山顶变成了湖泊。以现代肖草《长白山天池》诗为证：长山裹素蜡像驰，天池隔雾墨客痴；楼云掀帘骄阳露，王母出浴不觉辞。

▶ 知 识 窗

天池是由水和巨大的岩石组成。天池水中原本无任何生物，但近几年，天池中出现一种冷水鱼——虹鳟鱼，此鱼生长缓慢，肉质鲜美，来长白山旅游能品尝到这种鱼，也是一大口福。据说天池中的虹鳟鱼是北朝鲜在天池放养的。

| 拓展思考 |

1. 你知道虹鳟鱼吗？
2. 虹鳟鱼为什么能在天池内生长？

太 湖

Tai Hu

太湖是中国五大淡水湖之一，水域面积排第三，位于江苏省南部和浙江省北部交界处，而在行政区划分上完全属于江苏省，是江、浙两省的界湖，大部分水域位于苏州市，有"包孕吴越"之称。太湖风景秀丽，是国家重点风景名胜区之一。

※ 太湖

太湖古称震泽、具区，又称笠泽、五湖。在古代的太湖还是东海海湾一部分，受长江和钱塘江下游泥沙堰塞的影响，逐渐形成封闭的内陆泻湖，在当地充足的雨量及江河不断的注入大量淡水的情况下，太湖逐渐形成一个淡水湖。太湖周边的水系最后注入长江，京杭大运河亦通过太湖。

◎太湖的形成

对于太湖的形成很多人持不同的观点，其中以支持构造成湖论、泻湖成因说、陨石冲击坑说等最为多。构造成湖论的支持者认为，太湖平原原本是一个大的海湾，以后由于不断为水和沉积物所填充，逐渐演化成现在的湖泊；泻湖成因说的支持者则认为，太湖平原原是一个大的海湾，在全新世高海面时，由于受到广泛的海侵的作用，以后随海水后退而逐渐演变成封闭的湖泊；支持陨石冲击坑说的则认为，距今5000万年前，一颗巨大的陨石从东北侧方向撞击地面，造成相当于1000万颗广岛原子弹爆炸的巨大冲击，受到冲击作用而造成了一个2300多

※ 美丽的太湖

平方千米的陨石坑，即现在的太湖。

直至2009年，由南京大学地球科学系王鹤年、谢志东、钱汉东三名教授找到了太湖属陨石冲击成因的关键性证据，从而确定了太湖系陨石冲击形成的。这项研究成果发表在2009年第4期《高校地质学报》上，由南京大学地球科学系陨石专家王鹤年、谢志东、钱汉东组成的课题组经过分析鉴定，确证目前在太湖沉积淤泥中发现的奇异石头与石棍，在它们表面保留了明显的受冲击溅射的作用留下的痕迹特征，同时也直接显示了其形成经历了冲击震碎、熔融、挖掘抛射、空中飞行等阶段，直至最后溅落在冲击坑及其周围。

◎太湖三白

太湖以盛产美食为名，其中更是以太湖银鱼、白鱼、白虾的三味湖鲜最为有名，"太湖三白"这一说法约定俗成、年代久远、有声有色。

太湖银鱼：体长约6.7厘米余，体长略圆，形如玉簪，似无骨无肠，细嫩透明，色泽似银，故称银鱼。早在春秋时期，太湖便以盛产银鱼而闻名四方，宋代诗人"春后银鱼霜下鲈"的名句，把银鱼与鲈鱼并列为鱼中珍品。清康熙年间，银鱼就被列为"贡品"。银鱼原为海鱼，后定居在太湖繁衍，是太湖名贵特产。

太湖白鱼：亦称"鲦""头尾俱向上"而得名，体狭长侧扁，细骨细鳞，银光闪烁，是食肉性经济鱼类之一。目前为止没有人工喂养，获取方

式主要是靠天然捕捞。

太湖白虾：清《太湖备考》上有"太湖白虾甲天下，熟时色仍洁白"的记载。白虾壳薄、肉嫩、味道鲜美，是人民喜爱的水产品。

▶ 知 识 窗

　　太湖珍珠，又名：太湖珠，是按产地分类的九大珍珠品种之一。太湖珍珠是淡水珍珠，具有光泽明亮、粒圆饱满、细腻光滑、形佳色美、硬度高、比重大、弹性好、正品率高等优点，它不仅仅是珍贵的装饰品，更是不可或缺的贵重药材。

| 拓展思考 |

1. 太湖的主打产业是什么？
2. 太湖几月份的景色最美？

地球上的湖泊湿地

呼伦湖

Hu Lun Hu

呼伦湖，又名达赉湖，位于中国内蒙古呼伦贝尔市，面积 2339 平方千米，是内蒙古第一大湖、中国第五大内湖，与贝尔湖为姊妹湖。

※ 呼伦湖

◎名称由来

早在史前就已经有人类居住在呼伦湖。从古至今，呼伦湖的名字更改多次：《山海经》称大泽，唐朝时称为俱伦，辽、金时称栲栳泺，元朝时称阔连海子，明朝时称阔滦海子，清朝时称库楞湖，当地牧人称达赉诺尔（蒙古语，意为"像海一样的湖泊"）。而呼伦湖是近代才有的名称，在蒙语中是"水獭"的意思，贝尔的蒙语大意为"雄水獭"，与贝尔湖一阴一阳，因为历史记载两湖中都有很多的水。

◎传说

关于呼伦湖和贝尔湖的形成，在当地流传着一个动人的故事。在很久以前，草原被风妖和沙魔所侵袭。它们所到之处狂风大作，漫天黄沙，草原顿时成为荒漠一片。草原人民为了生活被迫背井离乡，去寻找绿色的土地。天国得知了此事，便派一对天鹅来征服它们，这两只天鹅被称为呼伦和贝尔，她们与魔鬼展开殊死搏斗，最终战胜了恶魔。为了防止悲剧次再发生，她们决定永久地庇佑这里的草原。于是她们手拉着手变成了呼伦湖和贝尔湖。一望无际的湖水挡住了风沙的同时，也滋润了大草原，这些孕育了多民族的文化，草原从此恢复了往日的生机和活力。

◎生态景观

呼伦湖的湖水清澈见底，这里的草原美丽富饶，在国际重要湿地上占有很重要的地位，同时也是内蒙古国家级自然保护区。在这片美丽而神奇的土地上，有600多种高等植物，292种鸟类，35种兽类及30种鱼类。其中鸟类中，在我国一、二级保护禽类的52种；在我国生存

※ 瑰丽的呼伦湖

的8种鹤中，有6种分布在该保护区内，这里是我国乃至世界的一处重要生物物种库。休伦湖有着无法估量的生态价值，它具有稀有性、原生性和自然性等特点。休伦湖对人类的奉献是不可估量的，这片湿地具有多功能生态作用，不仅给人类提供食物、原料和水资源，对生态平衡的维持及生物多样性的保持和涵养水资源、蓄洪防旱、降低污染、调节气候的作用也十分巨大。被人们称之为"地球之肾"的湿地与森林、海洋一起并称全球三大生态系统，更是与人类生存和发展息息相关，是自然界最富多样性的生态景观和人类最重要的生存环境之一。呼伦湖水产资源十分丰富，盛产鲤、鲶、鲫、白等20多种鱼虾，这些鲜活的鱼虾畅销全国各地，或供应市场，或加工成罐头，成为餐厅或百姓餐桌上的一道珍肴。

呼伦湖有 8 个著名景观，分别是：水上日出、湖天蜃楼、石桩恋马、玉滩淘浪、虎啸呼伦、象山望月、芦荡栖鸟、鸥岛听琴。要想看到水上日出和湖天蜃楼，是需要很大自然因素的，一般只有天气合适的时候才会有幸见到。另外还有 6 处景点各有特色，旅游者要多付出辛劳，方可体会其中蕴味。夏季的呼伦湖区气候凉爽适宜，是避暑佳境。壮观的自然风光和神秘的民族风情，都给呼伦湖增加了一抹别样的色彩。呼伦湖水天一色，烟雾渺渺，原始而粗犷，秀丽且洁净。

◎旅游

旅游方面有很多非常有特色的活动项目。游客可以穿上蒙古袍，在马背上飞驰，享受大自然的风迎面袭来的感觉；也可以骑着双峰驼漫步或乘坐原始的勒勒车漫游，享受别样的宁静。还可划着小船在呼和诺尔湖中垂钓，或背着猎枪到附近的林中草地狩猎，十分诗意。

从海拉尔乘车沿 301 国道北行，在漫无边际的草海上，迎面闻到窗外醉人的花香和悦耳的鸟鸣声，满眼的绿色更是令人赏心悦目，愈走愈会感到绿的色彩越深，远远望去山绿滴翠。车过陈巴尔虎旗旗府巴彦库仁镇 10 千米，一个明镜般的湖泊便闯进了眼帘，这就是呼伦贝尔湖。在湖西岸的山冈上，有一座由蒙古包型高大建筑为主组成的蒙古包群，如同开放在绿野上圣洁的白莲花，这便是接待中外游客的呼和诺尔旅游点，也是近年呼和诺尔草原旅游节和那达慕的会场所在。

▶ 知 识 窗

受地理位置的影响，在湖西岸观日出最为理想。一年四季呼伦湖的日出是各有特色的，观赏时间也不一样。一般 5 月为 4 时，6～7 月为 3 时；8～9 月为 5 时，冬季为 7 时 30 分至 8 时。

| 拓展思考 |

1. 现在呼伦湖面临的问题是什么？
2. 应该怎样保护呼伦湖？

运城盐湖

Yun Cheng Yan Hu

运城盐湖，位于山西省西南部运城以南，中条山北麓，是山西省最大的湖泊。此地古代为解县和解州之地，所以又叫解池，也称"河东盐池"。运城盐湖自古以产盐著名，所产之盐称"解盐""潞盐"或"河东盐"。运城盐湖是个古老而又典型的内陆咸水湖，地质研究表明，运城盐湖在第三纪喜马拉雅构造运动时期就已经形成，距今约0.5亿年，它自东北向西南延伸，长约30千米，宽3～5千米，湖面海拔324.5米，最深处约6米，总面积132平方千米。

运城盐湖形成于新生纪第四代，伴着山出海走，大量含盐类的矿物质汇集在这盐湖景色里，加上温度高，经过长时间的蒸发与沉淀，最终形成了天然的盐湖。早在封建社会，运城盐湖的盐税曾占全国财政收入的八分

※ 运城盐湖

之一，对国家的经济影响很大。运城盐湖同闻名于世的以色列死海相比是毫不逊色，湖中的黑泥蕴含七种常量和十六种微量元素。湖水中可以人体泛舟，湖中黑泥有美肌活肤的神奇作用，所以运城盐湖被誉为——中国死海。运城盐湖南依苍翠高峻的中条山，北靠峨嵋鸣条岗，东连涑水瑶台，西接黄河古渡，湖光山色，景色奇特。与美国犹他州大盐湖，俄罗斯西伯利亚库楚克盐湖并称为世界三大硫酸钠型内陆盐湖。湖内盐田硝畦纵横交错，星罗棋布，四侧滩水浩渺，波光粼粼，洁白如雪的梯形硝堆，倒映湖水之中，形成了"千古中条一池雪"的奇观。

◎运城盐湖的自然景观与人文景观

除了拥有死海的神奇之外，运城盐湖更是一个充满生机的地方。它地处运城盆地最低处，为一典型的闭流内陆湖泊，宛如一块珍贵的明玉。阡陌纵横，群岛林立，烟波渺渺，湖光闪闪，自古就有"银湖"之美称。死海由于含盐量大，造成氧气相当缺乏，既不适宜生物的生长，致使死海内没有任何生物生存，而运城盐湖水草丰富，芦苇匝岸，到处是花香四溢的草地，一片生机。除此之外，运城盐湖盛产"潞盐"已有四千多年历史，围绕着盐湖衍生了许多人文景观。建于唐代的盐池神庙，令人敬仰的关公家庙，国内最大的武庙——关帝庙，还有司马温公祠、永乐宫壁画、普救寺、黄河铁牛、蒲州古渡遗址等均像珍珠般点缀在盐湖周边。当游客享受完运城盐湖的两绝，更可以感受盐湖的绮丽别致的美丽景色，探寻华夏盐

※ 神奇的运城盐湖

文化之神秘，在游乐中更能提高自己的文化素养。

◎黑泥沐浴

　　据研究，死海的黑泥以氯化物为主，而运城盐湖的黑泥则以硫酸盐为主，两者都富含有益于人体的矿物质元素。矿物质元素对人体来说是必不可少的，它是维持正常人体生理功能所必需的物质，可以将血液和油脂带进皮肤的表面协助产生保护作用。现在，由于得天独厚的地理优势，运城盐湖借此开发了黑泥洗浴项目，开发出了黑泥浴皂、洗发水、沐浴露、体膜等系列化妆品。游客置身于运城盐湖浴场，充分感受黑泥的神奇，将盐湖黑泥均匀地敷抹在身体除眼睛、嘴唇等以外的部位，可使黑泥中丰富的矿物质，渗入皮肤的皱纹和毛孔中，这样不仅可以清洁皮肤、消炎、去皱、杀菌、快速治愈小伤口，祛除皮肤的多余油脂和角质层，修复凹凸不平的表皮，收缩毛孔，加速皮肤的新陈代谢，同时还可以减肥。黑泥沐浴的美容保健作用已经受到越来越多游客的青睐。

> **▶知 识 窗**
>
> 　　运城盐湖曾以其四千年的产盐史闻名全国。它形成于距今约5亿年前的新生纪初期，面积约120平方千米，与著称于世的以色列死海相同的是，运城盐湖同属内陆咸水湖。以色列死海黑泥以氯化物为主，而运城盐湖黑泥则以硫酸盐为主，两者都富含有益于人体的矿物质元素，且均在同一数量级上。对人体的健康起着"异湖同功"的作用。

拓展思考

1. 运城盐湖与死海的区别在哪里？
2. 运城盐湖的形成原因是什么？

地球上的湖泊湿地

红碱淖

Hong Jian Nao

红碱淖是中国陕西省北部毛乌素沙漠内一淡水内流湖，面积 67 平方千米，属神木县尔林兔镇管辖。位于陕西省神木县尔林兔镇与内蒙古鄂尔多斯市新街镇刀劳窑村陕蒙交界处，总面积为 90 平方千米，湖面在阳光的照射下熠熠生辉，烟雾渺渺，水草丰盛，优美至极，风景秀丽，融草原风光与江南泽国景象于一体，是旅游度假的首选。红碱淖的"淖"是蒙古族语，在蒙语中是水泊、湖泊的意思。

※ 红碱淖

关于红碱淖被称作"昭君泪"的由来，在当地有一个非常美丽的传说。据说王昭君当年远嫁匈奴，走到尔林兔草原，在远离中原之际，下马向故乡望去，想到从此乡关万里，再也不会回来了，心中不禁惆怅万千，这一驻足，便流了七天七夜的眼泪，于是就形成了红碱淖。王母得知此事后，十分感动，便派七仙女下凡，仙女们各持一条彩带，从七个不同的方向向其走去，于是便有了现在的七条季节河同时流入"昭君泪"。

◎生态特征

红碱淖淡水鱼类品种十分丰富，共有 16 种，其中主要经济鱼类是红碱淖大银鱼，红碱淖鲤鱼、鲢鱼、草鱼、鲫鱼。红碱淖风景名胜区的自然生态环境为候鸟提供了理想的栖息地，共有 30 余种野生禽类在这里繁衍生息，主要有国家一级保护鸟类遗鸥、国家二级保护动物白天鹅以及鸬鹚、鱼鹰、野鸭、鸳鸯等。

◎"第二个罗布泊"

生态专家研究认为，随着气候的急剧变化与人为因素的严重干扰，位于黄河流域的中国最大的沙漠淡水湖——红碱淖极有可能在未来不久的时间内逐渐干枯，最终完全沙化为中国的"第二个罗布泊"。这也会导致世界濒危鸟类——遗鸥失去其最大的繁殖和栖息之地。著名湿地生态专家、湿地国际中国办事处主任陈克林说："红碱淖属于国家级的重要湿地，目前面临的最大问题是由于注水河流遭到拦截，阻碍了湖水的及时补充，更影响了湖泊的自净能力。"他警告说："历史上因气候与人为因素干扰已经导致罗布泊涸沦为荒漠。今天如果不采取紧急措施，红碱淖未来几十年

※ 一群黑翅长脚鹬在红碱淖

地球上的湖泊湿地

内很可能完全干涸，难以摆脱成为'第二个罗布泊'的命运。"

　　红碱淖风景名胜区位于神木县西北部神府、东胜煤田腹地。1995年被省政府确定为省级风景名胜区。景区似三角形，东西最宽处10千米，南北最长处12千米，水面面积67平方千米。属高原性内陆湖，是中国最大的沙漠淡水湖。红碱淖四周生态环境十分适宜，东侧有天然牧场尔林兔草原，水草丰盛，牛羊成群。南北两侧以沙丘、滩地为主，滩地上是以沙柳为主的大面积固沙防风林带，沙丘多已固定。红碱淖盛产多种淡水鱼类。

　　红碱淖风景名胜区的良好自然生态环境为许多候鸟提供了理想的栖息地。每逢春秋两季，成千上万只鸟类聚集于此，你来我往，翩翩起舞，和乐齐鸣，十分壮观。

> ▶ 知 识 窗
>
> 　　红碱淖周围起伏跌宕的沙丘与大小不等的片状草场相间，大片的羊群似朵朵白云点缀其间，簇簇沙柳在金黄色的沙丘中格外翠绿，激越的信天游在天空中久久回荡。辽阔的湖面、绵软的沙滩、静谧的原野、翠绿的草原、充满生机的植物、翩翩起舞的飞禽、奔腾汹涌的巨浪、美丽的小舟、眩目的朝阳、夕阳西下的霞光、典型的塞外风光以及蒙汉两族文化相互交融的地域风情，构成红碱淖风景名胜区完美独特的自然景观。

拓展思考

1. 你听说过哪些关于红碱淖的故事？
2. 你觉得应该怎么保护它不会成为"第二个罗布泊"？

罗布泊

Luo Bu Bo

罗 布泊，中国新疆维吾尔自治区东南部的湖泊。在塔里木盆地东部，海拔 780 米左右，位于塔里木盆地的最低处。蒙古语罗布泊即（多水汇入之湖）。古代称泑泽、盐泽、蒲昌海等。公元 330 年以前湖水较多，西北侧的楼兰城便是著名"丝绸之路"不可或缺的咽喉。罗布泊为中国第二大咸水湖，现仅有大片盐壳。

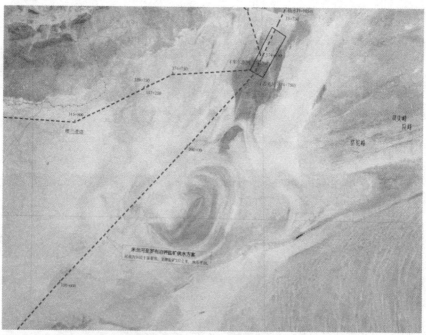

※ 罗布泊的"大耳朵"图像

◎成因

由于湖水的变化缘故，一些探险家认为罗布泊为"游移湖"或"交替湖"，摆动于北纬 39°～40°和 40°～41°之间。中国科学家为此实地做了精密的考察，发现湖泊的西北隅、西南隅有明显的河流三角洲，说明塔里木河下游、孔雀河水系变迁时，河水曾从不同方向注入湖盆。湖盆为塔里木盆地最低处，入湖泥沙很少，沉积过程微弱。湖底沉积物的年代测定和孢粉分析证明罗布泊长期是塔里木盆地汇水中心。只是湖水会有向南向北的摆幅，但是幅度不大并非大范围的"游移"。

◎现状

在若羌县境内东北部，位于塔里木盆地东部。曾是我国的一个湖泊，海拔 780 米，面积约 2400 平方千米～3000 平方千米，因地处塔里木盆地东部古"丝绸之路"的要地而著称于世。自 20 世纪初瑞典探险家斯文·赫定首次进入罗布泊，逐渐被众人所知。现在罗布泊是位于北面最低、并且最大的一个洼地，曾经是塔里木盆地的积水中心古代发源于天山、昆仑山和阿尔金山的流域，缓缓注入罗布洼地形成湖泊。注入罗布泊的诸水主要有：塔里木河、孔雀河、车尔臣河和米兰河等，同时也有部分水是来自敦煌的祁连山冰川融水疏勒河的补给，融水从东南通过疏勒河流入湖中。那里曾经是绿意盎然，鸟语花香，充满生机的生命绿洲。只是如今成为一望无际的戈壁滩，广阔的一片竟然是寸草不生，死气沉沉，夏季气温高达71℃。天空不见一只鸟，寂静异常，没有任何飞禽敢从此穿越。

◎地下死海

罗布泊地下钾盐矿面积约 1300 平方千米，含盐量达 35％。与死海的元素含盐量相近，如硫酸盐、氯化钾、氯化钠、氯化镁等，与死海含有基本相同的化学成分，矿化度都超过海水的十倍，其条件不适宜任何生物生存。罗布泊"地下死海"的水深只有 60 米，为死海的五分之一，钾盐储量为死海的十分之一，但在中国已可称作为数不多的钾盐矿中最大的一个，其储量达 2.5 亿吨，拥有不可估量的经济价值和开发价值。

罗布泊"地下死海"主要分布在东北部的涸湖盆地底，表面由坚硬的盐壳形成，当挖一个 2 米深的洞穴后，便能看见"地下死海"的真面目。当用棍棒触搅穴中水后，提离水面就会发现在棍面上已经结上一层白色的盐晶体。但与死海不同的是，这里的水深藏在岩石或土层缝隙中，凿开一洞穴后，水就哗哗地涌集在一起。

早在 200 万年前罗布泊"地下死海"就已经形成，当时罗布泊水域达 2 万平方千米，后来由于受风沙淤塞和地壳运动的影响，湖面面积开始不断缩小，温度升高，气候十分干燥。它们引起湖水蒸发量加剧，加上湖水的补充来源断绝，湖盆干涸，经过长时间的蒸发与沉淀，湖床最终形成了盐壳地。现在，地下水还在通过盖层的毛管蒸发。

※ 罗布泊

在楼兰诸多谜团中，楼兰古国消失的真正原因是最让人为之着迷的，直到今天，大部分人还持有不同的观点。如河流改道说、异族入侵说、丝路改道说、土地盐碱化加重说、河流缩短说、冰川萎缩说、气候变迁说等等各执一词。

曾是一片水乡泽国的楼兰，河网密布，森林茂密，林舍毗连，田园阡陌，绿意浓浓，十分的美好自然，但最终沦为荒漠废墟，必有诸多重大缘故，为此也引起种种争议。

目前，较多人认为楼兰衰亡因为河水水量日趋减少，由于气温增加，天气干旱，湖水急剧蒸发，最后水源的断流迫使楼兰人放弃家园，干旱使楼兰古国全部变成荒漠，无法生活下去，家庭的废弃则成了必然。

作为西域三十六国之一的楼兰，在历史舞台上只活跃了400～500年便在公元4世纪神秘消亡，到底是什么原因引起楼兰消失？过了1500多年，瑞典探险家斯文·赫定和罗布人向导奥尔德克于1900年3月28日将它重新发现，从此名声大噪，被称之为"东方庞贝城"。百年来，楼兰一直是中国乃至世界各地探险家、史学家、旅行家研究考察的热点。楼兰美女、楼兰古墓、楼兰彩棺……一个又一个楼兰之谜吸引着人们前去探险。

▶ 知 识 窗

1995年，中国地质科学家在勘探罗布泊地理结构状况时发现在罗布泊湖盆的硬壳下，存在一罕见的地下钾盐矿，由于其面积和含盐量与死海接近，异常壮观被称为"地下死海"。

| 拓展思考 |

1. 罗布泊最主要的特色是什么？
2. 罗布泊的具体成因是什么？

地球上的湖泊湿地

泸沽湖

Lu Gu Hu

泸沽湖古称鲁窟海子，又称左所海，俗称亮海，位于四川省凉山彝族自治州盐源县与云南省丽江市宁蒗彝族自治县之间。湖面海拔约2690.75米，面积约48.45平方千米。湖边的居民主要为摩梭人，也有部分纳西族人。摩梭人至今仍然保留着原始的母系氏族婚姻制度。

泸沽湖的美不仅在于水清，更源于它的岛美。泸沽湖四周青山环抱，湖岸曲折多湾，共有17个沙滩、14个海湾；湖中散布着5个全岛、3个半岛、1个海堤连岛，一般高出水面15～30米，远远望去犹如一只只绿色的船，星星点点的漂浮在湖面。其中，宁蒗一侧的黑瓦吾岛、里无比岛和里格岛，是湖中最具观赏和游览价值的三个

※ 泸沽湖

景点，被誉为"蓬莱三岛"。黑瓦吾岛位于湖心，距离湖岸落水村2500米，岛上树木葱茏，百鸟群集，是南来北往的候鸟、野鸭的栖息之处，也是昔日永宁土司阿云山总管的水上行宫。

泸沽湖湖岸曲折，草木十分茂盛，6个小岛给人以十分惬意悠闲的感觉。这是我国西南高原上一颗诱人的明珠，摩梭人称它为"谢纳米"，意思是"母湖"。她宛如躺在青山环绕的怀抱之中宁静淳朴的睡美人，又像造物主藏在这里的一块硕大蓝宝石，一面光彩四溢的天镜。湖周长约50千米，在湖的北岸屹立着一座秀丽的"格姆"山，意思是女山。在摩梭人的心中，把她视为女神化身。从南边远远隔湖望去，格姆女山又像一头昂首而卧的狮子，人们又叫它狮子山。这里的一草一物，都被赋予女性形象的神话，是我们当代名副其实的"女儿国"。

在全人类都普遍实行一夫一妻制的今天，在泸沽湖却仍然保留着原始

古代早期对偶婚特点的"阿夏"婚姻形态。"阿夏"是泸沽湖摩梭人中有情爱关系的男女双方的互称，彼此又称"夏波"。"阿夏"婚姻的显著特点是：即使是关系很亲密的情侣之间，也是不存在婚姻关系的，男女双方仍然属于自己原有的家庭，是独立自由的个体。婚姻形式是男方到女方家走访、住宿，次晨回到自己家中。因为是由男方的"走"而实现的婚姻，所以当地人又称这种关系为"走婚"。双方所生子女属于女方，采用母亲的姓氏，一般情况下，男方是不需要承担抚养的责任。一般一个男子或女子只有一个"阿夏"，当感情不合的时候，才可以断绝关系，这时才能再找一个"阿夏"。同一时间，只能有一个"阿夏"。

这座横跨草海、连接两岸村落的木桥，长达 300 余米，为"走婚"的"阿夏"提供了便捷的通道。被称为"天下第一爱情鹊桥"。

※ 走婚桥

博凹半岛的山坡上，有两棵青松长至半中时陆地左弯右横，彼此拥抱着向上生长去，交织一起，形如拱门，宛如具有灵气一般。古诗云"在天愿作比翼鸟，在地愿为连理枝。"摩梭女儿国的"阿夏"情侣树，是人间爱情的天证。

知识窗

在世界各国民间传说中的女儿国中，如今还存在着的，恐怕只有摩梭人这一族了。摩梭人世代生活在泸沽湖畔，他们至今仍保留着由女性当家和女性成员传宗接代的母系大家庭以及"男不婚、女不嫁、结合自愿、离散自由"的母系氏族婚姻制度（俗称走婚）。

拓展思考

1. 你了解女儿国吗？
2. 女儿国有什么风俗习惯？

青海湖

Qing Hai Hu

青海湖又名"库库淖尔"，在蒙语中是"青色的海"的意思。它位于青海省东北部的青海湖盆地内，它不仅是中国最大的内陆湖泊，而且也是中国最大的咸水湖。由祁连山的大通山、日月山与青海南山之间的断层陷落形成。青海湖湖水来源主要依赖地表径流和湖面降水补给。入湖的河流有40余条，主要有布哈河、巴戈乌兰河、倒淌河等，其中以布哈河最大。青海湖古称"西海"，又称"鲜水"或"鲜海"。该湖每年12月封冻，冰期6个月，冰厚半米以上。湖中有5个小岛，以海心山最大。鸟岛位于湖的西部，面积0.11平方千米，是斑头雁、鱼鸥、鸬鹚等10多种候鸟繁殖生息场所，数量多达100,000只以上。现已建立鸟岛自然保护区。青海湖以盛产青海湖裸鲤为主，滨湖草原为良好的天然牧场。

※ 青海

◎历史传说

一千多年前，唐蕃联姻，文成公主远嫁吐蕃王松赞干布。在临行前，唐王赐给她一面能够照出家乡景象的神奇的日月宝镜。途中，公主因思念家乡，于是拿出日月宝镜，果然看见了久违的家乡长安。因为思念不禁泪流满面。然而，公主却想起了自己的使命，便决定将日月宝镜扔出去，奇怪的事发生了，没想到那宝镜落地时闪出一道金光，变成了青海湖。

还有的说，是当年东海龙王最小的儿子引来108条湖水，汇成这浩瀚的西海，因此他成了西海龙王。还有说是当年孙悟空大闹天宫时，被二郎神追赶到这里，二郎神非常口渴，就发现了这个神湖。

◎风景

在不同的季节里，青海湖具有不一样的迷人色彩。夏秋季节，当连绵的山峰和西岸辽阔的草原被绿意袭来的时候，青海湖畔山清水秀，天气凉爽，景色迷人之极。一望无际的千里草原就像是铺上一层厚厚的绿色绒毯，那灿烂多姿的野花，把绿色的绒毯点缀得如锦似缎，数不尽的牛羊和膘肥体壮的骢马犹如五彩斑驳的珍珠洒满草原；湖畔大片整齐如画的农田麦浪翻滚，金色的油菜花，散发着香味；那一望无际的湖水，与蓝天浑然一体，好似一泓玻璃琼浆在轻轻荡漾。到了寒流肆意的冬季，山色和草原全都是茫茫的灰黄色，有时还要披上一层厚厚的银装。到了每年的11月份，青海湖便开始结冰，浩瀚碧澄的湖面，冰封玉砌，银装素裹，犹如在阳光下熠熠生辉的一面巨大的宝镜，终日放射着灿烂夺目的光辉。青海湖以盛产湟鱼而闻名，有十分丰富的鱼类资源。最值得骄傲的是，这里产的冰鱼较为著名。每到冬季青海湖冰封后，人们在冰面钻孔捕鱼，水下的鱼儿在阳光或灯光的诱惑下便会自动跳出冰孔，有趣之极，捕而烹食味道鲜美。

◎海心山

海心山，俗称湖心岛。古时称仙山，或龙驹岛，蒙语为"奎逊托罗亥"，位于青海湖心偏南，距南岸约30多千米，是青海湖的游览胜地之一。全岛东西长2.3千米，南北宽0.8千米，面积为1平方千米，形如螺壳。山顶高出湖面约数10米，海拔约3300米。山体系花岗岩和片麻岩构成，略呈乳白色。海心山被湖水所包围，环境十分的安静闲适，远离尘世的喧嚣，宛如在天际，令人向往。岛上有一些古时遗留下来的庙宇、僧舍、嘛呢堆等建筑，可供游人凭吊。天气晴朗之时，从高处向下俯瞰，只见海心山犹如雪浪飘浮，壮观至极。古人曾有诗赞道："一片绿波浮白雪，无人知是海心山"。

青海湖鸟岛，因岛上栖息数以十万计的候鸟而得名。它们最初也有名字，西边小岛叫海西山，又叫小西山，也叫蛋岛；东边的大岛叫海西皮。海西山地形似驼峰，面积原来只有 0.11 平方千米，现在随着湖水下降有所扩大，岛顶高出湖面 7.6。岛上鸟类数量多，约有八、九万只之多。鸟岛坐落在青海湖的西北隅，分为一东一西两岛。在距离鸟岛很远的地方，游人就可以听到个不一样的鸟语，叽叽喳喳，热闹非凡。

鸟岛之所以成为鸟类繁衍生息的理想家园，主要是源于它得天独厚的地理位置和自然环境。这里地势平坦，温度适宜，三面绕水，环境幽静，水草茂密，鱼类繁多。那些独具慧眼的鸟们，根据自己的习性和爱好，在这里选择不同的地形地貌和生态环境，构筑自己的家园。

▎知 识 窗 ▎

青海湖具有高原大陆性气候，有充足的光照，且日照强烈；冬寒夏凉，暖季短暂，冷季漫长，春季多大风和沙暴；雨量偏少，雨热同季，干湿季分明。

▎拓展思考▎

1. 青海湖是如何形成的？

2. 关于鸟岛你还了解些什么？

察尔汗盐湖

Cha Er Han Yan Hu

察尔汗盐湖是中国青海省西部的一个盐湖，位于柴达木盆地南部，地跨格尔木市和都兰县，由达布逊湖以及南霍布逊、北霍布逊、涩聂等盐池汇聚而成，总面积 5856 平方千米，格尔木河、柴达木河等多条内流河注入该湖。由于气候干燥，致使水分不断蒸发，日久天长盐湖上便形成非常坚硬的盐盖，青藏铁路和青藏公路直接修建于盐盖之上，察尔汗盐湖蕴藏着丰富的氯化钠、氯化钾、氯化镁等无机盐，总储量达 20 多亿吨，是中国重要的矿业基地之一。

※ 察尔汗盐湖

◎地理特征

察尔汗盐湖海拔最低点为 2200 多米，由达布逊、南霍布逊、北霍布逊、涩聂 4 个盐湖汇聚而成。格尔木河、素棱果勒河等 10 多条内陆河注入。"察尔汗"是蒙古语，意为"盐泽"。盐湖周围地势非常平缓，一望无际的荒漠，具有别样的风景。整个湖面好像是一片刚刚耕耘过的沃土，又像是鱼鳞，一层一层，一浪一浪。遗憾的是土地上没有一草一木，湖水中更是连游鱼都没有，天空上无飞鸟，一片寂静。盐湖地处戈壁瀚海，由于这里气候炎热干燥，日照时间长，致使水分蒸发量远远高于降水量。由于长期受到风吹日晒，湖内便形成了高浓度的卤水，最终逐渐结晶成了盐粒，湖面变结成了厚厚的盐盖，非常坚硬。这种盐盖承载能力非常大，汽车、火车可以在它上面奔跑，甚至连飞机都可以在它上面起落，还可以在它上面建房屋、盖工厂。著名的青藏铁路、敦格公路和中国最大的钾肥厂察尔汗钾肥厂，都是修建在察尔汗盐湖之上的。青藏公路和青藏铁路都是通过盐湖，路基全是用盐铺成的，长 32 千米，分别被称为万丈盐桥和钢铁彩虹。

◎传说故事

关于察尔汗盐湖，有一个流传几百年的传说：很早很早以前，察尔汗这里遍地都是金银珠宝，可是山神魔怪们为抢夺财宝而终年争战不休，同时给这里带来了巨大灾难。仙居昆仑山深处的西王母听说这件事后，非常生气，决定摆平这些事，她命司水神放下天水来，把这些宝贝都淹了，让谁也拿不到，只留人间的后代们。于是，这里就出现了现在这样的盐湖。

但传说终归只是传说，就地质运动而言，其实察尔汗盐湖，是古海洋经青藏高原的地壳变迁，因被山峰分隔并逐渐萎缩和干涸而形成的湖。

◎察尔汗盐湖的盐矿资源

察尔汗盐湖是一个以钾盐为主，伴有镁、钠、锂、硼、碘等多种矿产的大型内陆综合性盐湖。察尔汗盐湖的钾镁盐资源十分庞大，其储量达500 亿吨，是中国钾镁盐的主要产地。作为中国最大的钾镁盐矿床的察尔汗盐湖，各种盐总储量超过 600 亿吨，钾肥年产量超过 400 万吨。湖上现已建有中国最大的年产 100 万吨的青海钾肥厂。

盐湖自西向东分为别勒滩、达布逊、察尔汗和霍布逊 4 个湖区，总面积为 5856 平方千米。察尔汗是中国第一、世界第二（仅次于美国盐湖城）大盐湖，盐资源总储量多达 600 多亿吨。为此有人做了一个换算：如果架一座厚 6 米、宽 12 米的盐桥，这里的盐足可以从地球通到月球。据青海盐业专家介绍，察尔汗盐湖潜在的开发价值至少在 12 万亿元左右。这里是我国最大的钾盐生产基地，盐湖卤水中还有镁、锂、钠、碘等其他数十

※ 壮观的察尔汗盐湖

种矿物质，其中仅氯化钾储量就达到 1.45 亿吨，占全国的 97%；氯化镁储量近 17 亿吨，氯化锂储量 825 万吨，均居中国首位。

▶知识窗

　　察尔汗盐湖是柴达木盆地最低洼和最核心的地带。几亿年前，柴达木还是万顷汪洋大海，由于青藏陆地隆起导致海陆变迁，柴达木变成了盆地。柴达木是由数百个大大小小的湖泊组成，其中察尔汗盐湖最大最为有名。李时珍的《本草纲目》中就有过关于察尔汗的记载。该地物产丰富，当时所用"青盐"就源自此地。

拓展思考

1. 察尔汗盐湖的特点是什么？

2. 如何保护这些资源？

色林错湖

Se Lin Cuo Hu

色林错湖是西藏第二大湖泊，也是中国的第三大咸水湖，色林错是青藏高原形成过程中产生的一个构造湖，亦为大型深水湖，湖心区水深在 30 米以上，透明度为 7～8 米，矿化度 18.3～18.8 克/升。每到夏季，湖中小岛栖息着各色各样的候鸟，场面蔚为壮观。

色林错在藏语的意思是"威光映复的魔鬼湖"，色林错湖位于冈底斯山北麓班戈县和申扎县境内。湖体东西长 72 千米，南北宽约 22.8 千米，东部最宽处达 40 千米。湖面面积 1640 平方千米，在西藏内它的面积仅次于纳木错湖。湖面海拔 4530 米，最深处超过 33 米。它的主要入湖河流有扎加藏布、扎根藏布、波曲藏布等。经科学家考证得知，色林错面积曾达到 1 万平方千米，后来由于受到气候变化的影响，致使湖泊的面积变小，从中分离出格仁错、错鄂、雅个冬错、班戈错、吴如错、恰规错、孜桂错、越恰错。色林错湖流域四面群山林立，湖盆有着十分广阔的面积，湖滨水草丰富，是藏北重要的牧业基地之一，同时也是保护黑颈鹤及繁殖区生态系统的申扎湿地自然保护区。

湖积平原上沙砾堤发育良好，南岸最为明显，多达几十条，最长者可达 40 千米。湖泊长线出不规则的形态，西侧多半岛和峡湾。湖区为半干旱草原地带，年均温－3～－0.6℃，最热月均温 9.4℃。年降水量约 290 毫米，6～9 月降水量占全年的 90％，夏季则多会有冰雹出现。湖周山地海拔 5100 米以

※ 色林错湖

下发育了紫花针茅草原；4600 米以下湖积平原上发育了固沙草和白草草原；山麓分布有羽状针茅和藏沙蒿草原；草原带以上特别是山地阳坡，是由小蒿草和羊茅组成的高山草甸或高山草原化草甸。作为传统的牧区，色

林错湖区主要放养牦牛、绵羊。湖内产短尾高原鱼。

关于色林错有一个流传的传说，色林是居住在拉萨西面堆龙德庆的大魔鬼，他的食量非常大，每天都会吃掉很多的生灵，其中包括人和所有的禽兽，对他的淫威，谁都束手无策，人们都没有办法。在一个雷雨过后的良辰，一路降妖除魔的莲花生大师终于找到了色林，大师非常的英勇机智，色林打不过大师，只好逃跑，在莲花生大师的紧追下，色林逃到岗尼羌塘南面的一面浩瀚浑浊的大湖里，大师命令色林永远不得离开此湖，在湖中虔诚忏悔，不许残害水族，并把这个大湖名为"色林错"，意为"色林魔鬼湖"。

色林错在高原高寒草原生态系统中是拥有最多珍稀濒危生物物种的地区，同时也是世界上最大的黑颈鹤自然保护区，这里还有国家一级保护动物黑颈鹤、雪豹、藏羚、盘羊、藏野驴、藏雪鸡等。色林错裸鲤是藏北色林错湖泊中唯一的一种鱼类。

色林错是个湖泊的王国，它的四周被 23 个卫星湖所环绕，如同翡翠项链般妖娆夺目，据说在几百万年前这里曾是一个整体的巨大湖面。在这么多的湖中，错鄂湖鸟岛是候鸟的第二根据地，每年的春秋季节来临之时，就可以看到数以万计的地中海棕头鸥，不远千里地从地中海飞过来，浩瀚无边，场面蔚为壮观。这里的棕头鸥与班公湖的品种一样，都是修长的红腿，尖尖的红嘴，除翅膀和尾巴白中带灰外，浑身洁白的羽毛，性子较温和，较为亲近人。

▶ 知 识 窗

　　1985 年，色林错湖被列为西藏自治区级保护区，2003 年晋升为国家级自然保护区。目前该湖正面临着旱化、矿化、湖面退缩的现状。如今，国家在开发和建设中十分注意对当地环境的保护，例如，在青藏铁路的施工过程中，施工人员用 24 万多条装满沙石的沙袋沿色林错一侧堆起一条长近 20 千米的防护"长城"，把湖与施工工地隔开，形成独立的区域。

| 拓展思考 |

　　1. 色林错湖是如何形成的？

　　2. 你还知道关于色林错湖的其他传说吗？

南四湖

Nan Si Hu

南四湖是微山湖、昭阳湖、独山湖、南阳湖等 4 个相连湖的总称，但由于微山湖面积比其他三湖较大，习惯上统称微山湖，位于山东省南部微山县，全湖面积 1266 平方千米。1953 年，设置山东省微山县管辖全部湖区水域。南四湖是北方第一大湖，也是中国大型淡水湖泊之一。该湖属浅水富营养型源泊，有着极其丰富的自然资源，盛产鱼、虾、苇、莲等多种水生动植物，同时也是山东省最重要的淡水鱼业基地。湖岸地区的工业农业都很发达，其中工业以煤炭、电力为主；农业则多以种植小麦、玉米、水稻、大豆、棉花等粮油经济作物为主，是鲁西南的鱼米之乡。

生态特征：南四湖属富营养湖类型，引起南四湖富营养化的主要原因是氮、磷、悬浮物和其他有机物大量入湖，而致使湖水的严重污染超标参数是溶解氧、化学耗氧量、生化需氧量、总氮和总磷；湖泊水深 50 米处的多年平均水温为 16.4℃，7 月的月平均水温为 28.9℃，1 月平均水温 5.3℃；鱼类基本隶属于自然种群，而且大型

※ 南四湖

优质鱼类少，低龄的劣质鱼类多，现存鱼类有 8 目 16 科 53 属 78 种，其中鲤科鱼类 48 种。主要经济鱼类是鲫鱼、黄颡鱼、乌鳢，它们分别占渔获总量的 69.5％、12.2％和 9.99％，鱼龄结构以当年鱼或低龄鱼居多，鱼类大多是杂食性鱼类肉食性。

南四湖湖底平坦，湖水中的养分十足，水草茂盛，富浮游生物及有机质，水产资源比较丰富，可利用 12 万公顷水面，建成渔业基地。有鱼类 70 多种，虾 57 种，水产中以四鼻孔鲤鱼、中华鳖、蟹以及野鸭、麻鸭、

水貂皮等较著名。微山湖麻鸭所产青皮蛋制成的"龙缸松花蛋"是传统出口商品。有水生植物 70 多种，主要经济植物有苇、菰、蒲、藕、芡实等。南四湖地区更是中国重要能源基地之一，有着非常丰富的煤炭资源，枣庄、贾汪煤矿，还有着非常悠久的开采历史，尚有兖州、滕（县）南和大屯等煤矿；建有韩庄、大屯等大型坑口电站。微山湖中微山岛上有殷微子墓和汉张良墓等古迹；在沿湖的附近有多处当年铁道游击队活动的痕迹和旧址。

形态描述：南四湖由南阳、昭阳、独山和微山 4 个无明显分界的湖泊串联而成；东西宽 5～22.8 千米，南北长 122.6 千米，湖的中部非常窄，称为湖腰，1960 年建二级坝枢纽，湖腰将南四湖一分为二，大堤全长 131.5 千米，坝北为上级湖，坝南为下级湖。上级湖水面面积 26934 平方千米，高 31.5 米，容积 8.55 亿立方米，正常蓄水位 34.5 米，蓄水面积 600 平方千米，相应容积 23.1 亿立方米。下级湖水面面积 3519 平方千米，高 29.50 米，容积 7.78 亿立方米，正常蓄水位 32.5 米，蓄水面积 585 平方千米，设计洪水位 36.0 米，相应容积 30 亿立方米。

▶ 知 识 窗

2002 年 12 月 8 日清晨，徐州市解台站翻水机组启动，已注入该市境内不牢河的长江水经过机组流向湖区。50 天后，1.1 亿立方米的长江水将全部聚齐，与先前已经补入的 5000 立方米黄河水相聚，使南四湖水面面积增加 110 平方千米，可以满足南四湖湖区鱼类、水生植物、浮游生物和鸟类等生态链的最低用水需求，保护湖区生物物种的延续和多样性。长江水、黄河水将共同滋润"复活"南四湖秀美的生态环境。

拓展思考

1. 南四湖是如何形成的？
2. 有关南四湖的历史是什么？

地球上的湖泊湿地

世

第二章

界知名的魅力湖泊

SHIJIEZHIMINGDEMEILIHUPO

贝加尔湖

Bei Jia Er Hu

俄罗斯作家契诃夫写道："贝加尔湖异常美丽。难怪西伯利亚人不称它为湖，而称之为海。湖水清澈透明，透过水面像透过空气一样，一切都历历在目。温柔碧绿的水色令人赏心悦目。岸上群山连绵，森林覆盖。"由此就可以感受到贝加尔湖是多么的美丽。

※ 贝加尔湖

贝加尔湖在我国古书上被称为"北海"，我国古代北方少数民族的主要活动均在此，众所周知的汉代苏武牧羊的故事就发生在这里。而"贝加尔"一词源于布里亚特语，意为"天然之海"。

贝加尔湖处在干燥寒冷的亚欧大陆中部，是亚欧大陆上最大的淡水湖，也是世界上最深和蓄水量最大的湖。湖水异常清澈，为世界第二。总蓄水量为 23600 立方千米，相当于北美洲五大湖蓄量的总和，约占全球淡水湖总蓄水量的 1/5。贝加尔湖的很多地方蓄水量已超过了 1000 米。上世纪 50 年代末期，苏联科学院贝加尔湖站的科学家又测到了 1940 米的深度，这个深度刷新了人们已经知道的1741米的纪录。即便这世界上只有贝加尔湖这一个水源，它的水量依然够50亿人用半个世纪。正是由于这么巨大的水力资源，使贝加尔湖在近代获得了"高压海"的称号。

贝加尔湖湖形狭长且弯曲，宛如一粒巨大的宝石月镶嵌在西伯利亚南缘。湖水由色棱格河等大大小小336条河流，因此水源极其丰富。湖水经由安加拉河流出，河水湍急，一路向北奔向叶尼塞河，最终汇入北冰洋。

▶ 知识窗

地壳胀裂蓄水而成的湖一般称为构造湖。准确的说就是地表面因地壳位移所产生的构造凹地汇集地表水和地下水而形成的湖泊。有坡陡水深、长度大于宽度，呈长条形的典型特征。按地壳运动的性质分为褶皱湖和断层湖两大类。贝加尔湖即为断层作用所致。

贝加尔湖虽然处在干燥寒冷的亚欧大陆中部，但由于巨大水体的调节作用和地热异常的影响，湖区气候与同纬度周围地区相比是存在差异的。这里有充足的光照，湖区北端的平均年日照时间为2000小时，而同纬度立陶宛地区仅为1830小时，加之贝加尔湖水体吸收太阳辐射的能力大，达到60卡/平方厘米，所以，湖区的昼夜温差和年内季节温差都不是很大，气候非常适宜。最热月、最冷月、结冰期、化冰期都比周围地区推迟一个月。冬季，在平均气温低于-30℃的严寒西伯利亚，贝加尔湖则成为一个相对的温点，湖区北部、中部、南部最冷月的平均气温分别为-3.1℃、-1.6C、-0.7℃。夏天贝加尔湖减弱了沿岸地区的炎暑程度，使它变得较为凉爽；冬天，贝加尔湖所蕴藏的热量也减弱了西伯利亚严酷的冰冻，使沿岸变得相对的温暖。然而，就贝加尔湖本身而言，却永远是很冷的，甚至在最暖和的季节里，湖面的温度也总在7℃～19℃之间。

据科学家们的考证，至少在2500万年前贝加尔湖就已经存在，可以说是世界上最古老的湖泊。湖区下面一直存在着巨大的地热异常带，受到频繁的火山、地震的影响在不断改变着局部地区的地貌。而贝加尔湖最深的普罗瓦尔湖就是在1862年1月，湖区东岸发生的里氏10级地震后形成的产物。因为是世界上最古老的湖泊，湖里富含十分丰富的养分，所以同样也拥有世界上最大的"生物博物馆"美称。在这个湖里，有64010的动植物在世界上任何地方都是找不到的。湖里有大量的宝藏，科学家确定湖中共有约1700种生物，在世界所有湖泊中独占鳌头。贝加尔湖中还生活着一种动物——贝加尔海豹，即北欧海豹。这种海豹皮质优良，色泽美丽，迄今为止，科学家们还没弄清楚它是如何来到贝加尔湖的。传说贝加尔湖与北冰洋之间曾有一条地下河，海豹就是沿这条河游来的。但是，现在地质学肯定地证明，过去和现在，并没有连接着的通道。关于贝加尔湖还有许多的未解之谜。例如，湖水一点也不咸，也就是说它与海洋不相通，但却生活着真实地道的海洋生物。海豹、海螺、海鱼和龙虾。又如，贝加尔湖里长有热带的生物，像贝加尔湖藓虫类动物，其近亲生活在印度的湖泊里。

※ 美丽的贝加尔湖

作为世界上最为神秘的湖泊，贝加尔湖一直被地质学家、地理学家、生物学家、物理学家和考古学家们研究着、探索着。为了更好地探求这个湖的奥妙，科学家们已经用 10 多国文字，在 20 多个国家出版了 2500 多部有关著作。

▶ 知识窗

贝加尔湖的湖中有 27 个岛屿，其中最大的是奥利洪岛，面积约 730 平方千米。湖水结冰期长达 5 个多月，湖滨夏季气温比周围地区约低 6℃，冬季约高 11℃，具有海洋性气候特征。

贝加尔湖湖底为沉积岩，在第四纪初的造山运动时形成了该湖现在周围的山脉，湖区地貌基本形成的时间迄今约 2500 万年。贝加尔湖下面存在着巨大的地热异常带，火山与地震频频发生。据统计湖区每年约发生大小地震 2000 次。

拓展思考

1. 贝加尔湖的湖水为什么温度那么低？
2. 为什么贝加尔湖地区会生活着很多种海洋类型的生物？
3. 你认为贝加尔湖以后会成为海洋吗？

地球上的湖泊湿地

坦噶尼喀湖

Tan Ga Ni Ka Hu

坦噶尼喀湖属于标准的裂谷型。湖形狭长，低于维多利亚湖约 341 米。湖水很深，平均约 700 米，最深处为 1435 米，比海面还低 662 米。

坦噶尼喀湖是仅次于亚洲贝加尔湖的世界第二深湖；这一事实可以直接有力的表明非洲裂谷带断裂下陷之深。湖岸迫近两旁由断裂形成的陡壁，湖面占有湖盆地的绝大部分地面。受湿热气候的影响，地形发育十分迅速，目前湖盆地已与邻区沟通。它东面接纳马拉加腊西河，北面通过鲁济济河而与基伍湖连成一系，它西面与刚果河通连，后者的稳定水源均来源于它。

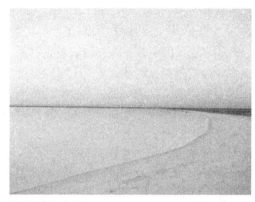

※ 坦噶尼喀湖

坦噶尼喀湖被四周茂密的森林包围，其中最引人注目的就是连绵不断的香蕉林，香蕉成为当地居民的主食之一，并能酿出十分清甜的酒。湖东的坦桑尼亚是世界剑麻之乡。

东非高原的断层陷落湖坦噶尼喀湖，宛如一条充满生机的绿色带子，落在东非大断裂谷的南段。坦噶尼喀湖的湖名由来有三种说法：其一是在班图语中，"坦噶尼喀"意为"汇合"或"聚集"，指的是"无数溪流在此汇合，许多部落在此群居"；其二是在斯瓦希里语中，"坦噶尼喀"意为"岛屿"和"平原"，指的是"由岛屿和平原组成"，该湖中群岛密布，该湖湖岸平原辽阔；其三认为"坦噶尼喀"是湖中生长的一种荸荠的名称，这种荸荠飘浮水面，聚集在一起，十分的美丽，果实可食用，用作湖名是指荸荠汇聚的地方。

坦噶尼喀湖的著名不仅在于它是世界上最狭长和最深的湖泊之一，更在于它是著名的潜洼地之一。它的湖面海拔 774 米，最深处与湖面高度之差，也就是它的最深处湖底位于海平面以下 696 米，居世界上湖底低于海平面的潜洼地的第四位。如果取坦噶尼喀湖底的平均深度比世界大洋面低 200 多米。

※ 从卫星上看坦噶尼喀湖

坦噶尼喀湖如同大海一样，气势恢宏，千变万化。当风和日丽的时候，站在湖边，可见湖面倒映着天空中的朵朵白云，白帆点点，神清气爽；向远处望去，可以望见湖对岸连绵起伏的群山，还可以依稀看到缕缕上升的炊烟，这种别样的美，让人的心灵得到了净化。

即使在阴雨天，湖面被漫漫云雾所遮盖，浪花飞溅，宛如站在海边一般。落日西坠时，湖面浮光闪烁，可以欣赏湖上美丽的夕照。周末，椰树婆娑的沙滩上出现了五颜六色的遮阳伞，人们在湖边游泳、钓鱼、晒太阳，水上俱乐部的摩托快艇在宽阔而平静的湖面掀起一道道白色的浪花，这样迷人的自然景色吸引了世界各地的游客。

坦噶尼喀湖面广阔，犹如一面平静的镜子湖沿岸景色秀丽，有宜人的气候，植物生长繁茂，野生动物成群出现。湖中多鳄鱼和河马，周围有大象、羚羊、狮子、长颈鹿。坦噶尼喀湖是鱼与鸟的家乡。鱼类有 300 多种，其中名叫恩达加拉的小鱼，长仅 8 厘米，重约 8 克，但肉质细嫩，味道鲜美。鸟类不仅数量多，而且种类也多，其中有久负盛名的红鹤。红鹤的脖子和双脚细长，嘴巴粗短而略带弯曲，全身白色羽毛闪着一层淡淡的粉色光泽，每天晨曦微露，便放声歌唱，千转百啼。烈日高照，晴空万里时，成百成千的红鹤飞翔在蓝天上，首尾一字排开，场面十分壮观。

◎奇特的香蕉林

坦噶尼喀湖气候适宜，四周地区皆是茂密的森林，各种热带林木竞相生长。其中最吸引人眼球的是连绵不断的香蕉林，一片绿色的景象，那一串串沉甸甸的香蕉令人垂涎，一座座农家茅舍就掩映在香蕉林中。香蕉不仅是当地居民的主食之一，而且用香蕉配制的香蕉酒是当地居民的传统饮料。另外，还有一种树，它的形状十分奇特，这种树与一般的树是有很大不同的，它既没有枝丫，更没有碎叶，在修长而结实的树干顶端，长着长长的翠绿欲滴的阔叶。这些阔叶也不像一般树木那样向四周扩散，它们只是整齐地向两侧伸展，既像开屏的孔雀，又似展开的扇面，这便是有名的旅行家树，也有人叫它"孔雀树""扇子树"。这种树最初生长在茫茫的沙漠上。当商旅和行人在寸草不生的沙漠中艰难行进时，漫天黄沙，烈日暴晒，疲惫不堪，干渴难熬时，来到这种树下，除了可借浓荫纳凉，小憩片刻，驱除疲劳之外，还可用刀在树干上划出一条口子，流出清凉可口的汁液用来解渴。正是源于这种树对人类有特殊的贡献，尤其是沙漠旅行者不可缺少的朋友，因此被叫做"旅行家树"，又名"旅人蕉"。旅行家树适应性很强，无论是干燥贫瘠、漫漫沙漠的不毛之地，还是在土质肥沃、气候相宜的闹市、乡村，都可以很好的生长。于是被人们纷纷移植，如今它的子孙已遍布非洲各地和世界各地。

> **知 识 窗**

在坦噶尼喀湖，会听见年纪大的人叫年轻人"爸爸"或"妈妈"。不要觉得奇怪，原来，这是东非许多民族里的一个传统习惯。父母可以给自己的儿女起祖父、祖母或其他长辈的人的名字，而在当地又忌讳直呼他人的名和姓，因为这样会被众人视为不懂礼貌。因此，如果祖父与孙子同名，祖母与孙女同名，做父母的又不能直呼儿女名字，只能以传统方式用"爸爸"和"妈妈"来称呼。所以父母称自己子女为"爸爸""妈妈"也就不足为奇了。

拓展思考

1. 坦噶尼喀湖为什么会成为世界上最狭长的湖泊？
2. 坦噶尼喀湖周边地区的气候环境是什么样子的？
3. 坦噶尼喀湖所盛产的生物资源都有哪些？

苏必利尔湖

Su Bi Li Er Hu

苏必利尔湖是北美洲五大湖中最大的一座，是世界上第二大湖泊，也是世界上第一大淡水湖，就蓄水量而言，是世界上第四大湖泊，世界第三大淡水湖。

作为世界上最大淡水湖的苏必利尔湖，1622 年为法国探险家所发现，湖名取自法语，意为"上湖"。苏必利尔湖是加拿大和美国所共有的，被加拿大的安大略省与美国的明尼苏达州、威斯康星州和密歇根州所环绕。苏必利尔湖的面积为 82, 414 平方千米（31, 820 平方英里），比捷克共和国还大，最大长度是 563 千米，最大宽度为 257 千米。苏必利尔湖海拔 183 米。平均深度是 147 米，最大深度则是 406 米，湖岸线 4, 835 千米（含岛屿）。苏必利尔湖的蓄水量是 12, 100 立方千米，以蓄水量而言，是世界上第四大的湖泊，同时也是世界第三大的淡水湖，俄罗斯的贝加尔湖则是世界上蓄水量最大的淡水湖，非洲的坦干依喀湖排名第二（虽然里海在面积与蓄水量都远超过苏必利尔湖，位居世界第一，不过它是咸水湖，虽然里海现在是封闭的，它曾经与黑海与马摩拉海相连接）。苏必利尔湖的蓄水量可以将北美洲与南美洲完全覆盖。美国湖沼学家克伦普在 1985 年 6 月 30 日，为了科学探险而抵达苏必利尔湖最深处，是历史上第一位抵达此处的人。

苏必利尔湖湖盆由冰川刨蚀作用而形成。在第四纪冰期时，苏必利尔湖湖地区接近拉布拉多和基瓦丁大陆冰川中心，冰盖厚 2400 米，侵蚀力极强，原有低洼谷地的软弱岩层逐渐受到冰川的刨蚀，逐渐扩大而最终形成今日的湖盆。当大陆冰川后退时，冰水聚积于冰蚀洼地中，便形成苏必利尔湖的水面。

湖区气候冬寒夏凉，云雾较多，风力也很强盛，湖面多波浪。水面季节变幅为 40～60 厘米，冬季水位较低，夏季则相对较高较高。水温也较低，夏季中部水面温度一般不超过 4℃。冬季湖岸带封冰，全年可航期一般约 6～7 个月，湖中主要岛屿有罗亚尔岛（美国国家公园之一）、阿波斯特尔群岛、米奇皮科滕岛和圣伊尼亚斯岛。湖中最大岛屿为罗亚尔岛，已辟为美国国家公园。主要港口有加拿大的桑德贝和美国的塔科尼特等。全

※ 苏必利尔湖

年通航期为 8 个月。在湖的周围森林茂密，景色迷人，在这活动的人也是很少的。苏必利尔湖水质异常清澈，湖面多风浪，湖区冬寒夏凉。

　　大约是在 10，000 年前，有人来到苏必略湖地区，在冰河时代末期的冰河消失后。他们使用石茅去猎杀湖西北边的北美驯鹿，被称为布兰诺。下一批可以考据的人类是 "ShieldArchaic"，他们大约生活在前 5000 至前 500 年之间，目前，在苏必略湖属于加拿大境内的西边与东边末端发现该文化的证据。他们使用碗、箭、独木舟来狩猎与补鱼，为了制作武器与工具而开采铜矿，并且建立起贸易网路。他们也被认为是奥吉布瓦族与库利族的直接祖先。

◎物产资源

　　湖区蕴藏有多种矿物，铁、银、镍、铜丰富矿产资源，主要有梅萨比的铁、桑德贝的银以及湖泊北面的镍和南面的铜等。这里有很多天然港湾和人工港口，主要港口有德卢斯、苏圣玛丽、桑德贝等。苏必利尔湖湖水清澈见底，是比较纯净的。北岸线曲折，多湖湾，背靠高峻的悬崖岩壁；南岸多低沙滩。接纳约 200 条小支流，较大的有尼皮贡河和圣路易斯河等，多从北岸和西岸注入，流域面积（不包括湖面积）12.77 万平方千米。湖水经圣玛丽斯河倾注休伦湖，两湖落差约 6 米，水流的速度很大。

建有苏圣玛丽运河，借以绕过急流，畅通两湖间的航运。湖区有很茂密的森林。苏必利尔湖是大湖航道中一个重要的环节，提供角岩及其他矿物与制造业原物料的交通运输路线，这些货物由货轮来运输。

在苏必利尔湖中有超过 60 种鱼类在湖中栖息，这其中包括美洲红点鲑、银鲑、石鲈、白眼鱼、虹鳟、虹香鱼、白斑狗鱼、驼背太阳鱼等。与其他大湖比起来，相对于苏必利尔湖的大小，由于湖中的养分含量并不是很大，造成鱼类的数量是比较稀少。加之近年来鱼类的数量受到外来的冲击，例如海八目鳗与梅花鲈，这些外来种是由于大湖间的航运而跟来。过度的捕捞是造成鱼类数量下降的直接原因之一。

▶ 知 识 窗

2006 年 9 月 2 日，美国媒体报道：1953 年 11 月 23 日，美国威斯康星州特路亚克斯空军基地一架 F－89 "蝎子" 战斗机在追踪一架神秘 UFO 时离奇失踪。直至最近，北美五大湖潜水公司的潜水员和工程师用声呐探测美加边境的苏必利尔湖时，却震惊地发现那架失踪的美军战斗机沉睡在苏必利尔湖湖底。

拓展思考

1. 苏必利尔湖的水文特征？
2. 怎样充分利用苏必利尔湖的水力资源和生物资源？

地球上的湖泊湿地

密歇根湖

Mi Xie Gen Hu

密歇根湖是北美洲五大湖之一，从南方顺时针排列，沿岸有美国如下各州：印第安纳、伊利诺伊、威斯康星及密歇根。"密歇根"这个字原本是用来称呼这座湖泊的，被认为是源自于奥吉布瓦语中的"mish-igami"，意思是"大水域"。密歇根湖的面积很大，稍大于克罗地亚这个国家。

※ 密歇根湖

密歇根湖又叫密执安湖，在北美五大湖中居第三位，是唯一全部属于美国的湖泊。湖北部与休伦湖相通，南北长 517 千米，最宽处 190 千米，湖盆面积近 12 万平方千米，水域面积 57757 平方千米，湖面海拔 177 米，最深处 281 米，平均水深 84 米，湖水蓄积量 4875 立方千米，湖岸线长 2100 千米。有约 100 条小河注入其中，北端众多岛屿，其中以比弗岛为最大，面积 5.8 万平方千米。借麦基纳克水道相连。与密西西比河则借伊利诺伊一密歇根运河相通。

◎资源

湖区的气候十分适宜，东岸水果产区在世界上颇为有名。大湖区——圣劳罗斯河航道穿经该湖，沿线有国际贸易往来。12 月中旬至 4 月中旬港湾结冰，航行受阻，即便如此，密歇根湖的湖面却是很少全部封冻的，几个港口之间全年有轮渡往来。南端邻近以芝加哥为中心的大工业区（经卡柳梅特、盖瑞、印第安纳和埃斯卡诺巴港输入大量铁矿石、煤和石灰岩等原料）。大部分湖岸区成为游人的避暑胜地。沿湖岸边有受湖波长期冲蚀而形成的悬崖，东南岸多有沙丘，尤以印第安纳国家湖滨区和州立公园的沙丘最为著名。

◎主要港口

密歇根湖主要港口有密尔瓦基、绿湾、芝加哥、密西根城、窝基根、克诺沙、拉辛、华盛顿、马尼托沃克、马尼斯蒂、拉丁顿、摩斯奇更、格兰德港和本顿港等，是游人的避暑胜地。

▶ 知识窗

美国科学家于 2004 年吃惊地发现，沙发、泡沫塑料、地毯和布料中的有毒化学物质多溴联苯醚竟然跑到了北美五大湖水系中唯一全部属于美国的湖泊——密歇根湖的湖底淤泥中。此前，科学家已经在妇女乳汁和超市食品中检测出了多溴联苯醚，加上此次在盛产鱼类的密歇根湖里发现了这种对身体有害的有毒物质，无疑引起了人们的极大关注与担忧。

| 拓展思考 |

1. 对于密歇根湖所潜在的危机该采取什么措施？
2. 这里有哪些世界上著名的港口？

陶波湖

Tao Bo Hu

陶波湖是新西兰最大的湖泊。陶波湖位于北岛中部火山高原上。面积606平方千米。湖面海拔357米，最深点有159米，湖流域面积3289平方千米，南北长40千米，东西最宽处27千米。与美国黄石国家公园相同的是，陶波湖也是一个随时会喷发的超级火山。与黄石超级火山一起被并列为世界七大超级火山之一。

陶波湖中含有丰富的养分，湖中有数不清的鳟鱼。全年中的任何时候，在陶波湖是可进行水上活动的，其中包括滑水、拖曳伞、滑水快艇、钓鱼、游湖、游泳、划船、划独木舟、驾帆和水上飞机观光等激动人心的活动。共有47条江河与溪流灌入陶波湖，其中包括新西兰最大的河——怀卡托河。怀托卡河原本是

※ 陶波湖

发源于陶波湖南部的山地，注入湖中后，再从湖东北端的河道流出。这里盛产虹鳟。

陶波湖的湖水下面几座火山口。陶波镇位于湖口，是附近乳牛、肉牛、羊牧区和人造林区的中心。陶波湖的四周有很多因受火山作用而形成的山地和温泉，有的作为疗养地，有的则用以发电。这里有怀卡托河水力发电厂。在陶波地区，火山石是随处可见的。但陶波湖本身就是最美最特别的景致，在一次巨大的火山爆

※ 陶波湖的美丽景色

发时形成了陶波湖，据说那一次的爆发十分巨大，甚至大到连太阳都被遮

蔽了。

陶波湖夏天的到来意味着湖上充满阳光的日子以及可以吃烧烤的长夜来临了，享用新鲜的烤鳟鱼以及当地的黑比诺葡萄酒是一件十分惬意的事情，这里是新西兰生产葡萄酒最多的地区。这里秋天的平均气温是18℃，气候适宜，处处洒满阳光。在三月和四月，景色仍然保留着夏天的颜色。但是到了五月，秋天鲜艳的红色遍地都是。陶波湖的冬天平均气温是12℃，山上的白雪虽然环绕着这个地区，但却很少降在湖面上。

在原来是一个巨大的破火山口形成了现在的湖湾的西湾，为多角半环形，四周峭壁陡立。湾内水深约110米至130米，东部深槽处则达160米。湖水由汤加里罗河等7条河流汇集而成，经东北端的怀卡托河排出。陶波湖的湖水温度适宜，即便是到了冬季也可以游泳，更可以泛舟。湖内有岛屿和100多个水湾以及上百个浅滩，享誉世界的彩虹鳟鱼钓鱼区就在这里，游客可租船在湖中游行，可以垂钓，更可以坐在船上欣赏周围的美景。这里有蒸气崖和多种矿泉浴设备，20世纪60年代起开辟为水疗区，如今是休养的最佳选择。

附近有著名的胡卡瀑布（"胡卡"在毛利语中即泡沫的意思）。怀卡托河在此从近250米的宽阔河床突然收敛进入不到18米宽的峡谷，急流越过12米的悬崖飞泻而下，犹如一幅有珍珠组成的帘子，泡沫胜雪，气势恢宏，其壮观的景象令人着迷不已。

> **知识窗**
>
> 位于陶波湖南端的东加里罗国家公园世界遗产区不仅以其令人激动和神秘奇特的景观而名扬四海，它的特别的火山地貌更是令人着迷。正是由于昔日的地质剧变，才成就了这个区域的这些火山地貌。而陶波湖的阿拉蒂亚蒂亚激流也是一大景观，其观赏时间是每天上午10点、正午12点、下午2点（冬季）和下午4点，泄洪道的水流量可达到90000公升/秒。

拓展思考

1. 陶波湖的形成原因是什么？
2. 怎样才能充分利用陶波湖附近火山带来的地热资源？

地球上的湖泊湿地

马拉开波湖

Ma La Kai Bo Hu

马拉开波湖是南美洲最大的湖泊，位于委内瑞拉西北部沿海马拉开波低地的中心，是安第斯山北段由断层陷落而形成的构造湖。马拉开波湖口窄内宽，南北长 190 千米，东西宽 115 千米。

◎用不完的"石油湖"

马拉开波湖位于委内瑞拉的西北部，总面积 14344 平方千米，最长处212 千米，最宽处 92 千米，马拉开波湖面十分广阔，一望无边，水深平均达 20 米。靠南的部分有大小 150 多条内陆河注入，是淡水；湖北部出海口有近 10 千米宽的水面与加勒比海相接，水很咸。

马拉开波湖是世界上产量最高、开采最悠久的"石油湖"。由于储量大，造成原油从湖畔的裂缝中缓缓不断地溢出，最终浮在水面上。从湖的一岸向湖面看去，只见井架林立、油管密布、油塔成群，场面蔚为壮观。湖上大桥是南美洲跨度最大的桥梁之一。马拉开波湖区周围的沼泽地为世界著名的石油产区。中国石油在委内瑞拉的湖上项目，指的就是作业在马拉开波湖内的项目。

※ 马拉开波湖

1962 年建成的马拉开波大桥是世界上最早的混凝土斜拉桥，主桥 5孔，跨径 235 米，全桥长 8.6 千米。气势磅礴的马拉开波大桥不仅是连接湖两岸的交通枢纽，更是湖中亮丽的景色。为纪念独立战争时期的英雄，人们把这座大桥称为乌尔塔内塔将军桥。

马拉开波湖同加勒比海连接原本依靠的是一条狭窄的水道，海水很难进入湖区内。由于周围城市的污水处理设施不够完善，这些城市排出的污水水源不断地流入湖内，这些污染的湖水甚至都不能用来灌溉周围的农田。面对"聚宝盆"已经受到污染，湖区已经开始准备对其的拯救计划。

◎世界上最富足的湖

马拉开波湖被誉为世界上最富足的湖。远望湖面，宽广的湖面上采油站、井架、磕头机比比皆是，整个湖区有 7000 多口油井，年产 7000 多万吨原油。除了石油之外，马拉开波湖的渔业资源也十分丰富，除了出产大量鱼虾外，现在湖边的许多地方也搞起了水产养殖。湖岸四周是大片肥沃的牧场，是委内瑞拉全国最重要的畜牧业基地，这里出产的牛奶和奶酪占全国的 70%。当地人对马拉开波湖有个十分形象的比喻：马拉开波湖的形状就像是个朝加勒比海开口的钱袋，而湖口的乌尔塔内塔将军大桥便是用来扎着袋口的绳子，湖底和四周埋藏的全是石油和美元。

为了湖内的采油业更好地发展，50 多年前人们开始将连接外海的水道拓宽、挖深，并定期清淤，以便大吨位的货轮和油轮驶入。虽然水上交通便利了，但另一些问题也伴随之来临。由于海水逐渐倒灌侵入湖心，沉积在水流的下部，阻碍了整个湖水的自然循环，造成大量水藻和微生物死亡。又因为鱼类是依靠这些水藻和微生物生活的，湖中的鱼为此开始大量减少，使许多渔民无鱼可捕。

拓展思考

1. 该如何利用湖内的石油？
2. 这些石油是如何形成的？

瓜达维达湖

Gua Da Wei Da Hu

只需从哥伦比亚首都波哥大乘车 40 分钟，便可以来到传说中曾经盛产黄金和宝石为世界所知的瓜达维达黄金湖。如同玛雅人所信仰的金字塔一样，直到现在瓜达维达湖仍是穆斯卡印第安人顶礼膜拜的圣地。

◎充满迷信与传说的湖

据传，哥伦比亚的瓜达维达湖湖底有含量巨大的黄金和宝石，因此从 16 世纪西班牙征服印加帝国后，人们对瓜达维达湖的黄金、宝石寻找和打捞就一直没有中断。最后，人们确定了今天哥伦比亚的瓜达维达圣湖便是传说中的神秘的黄金湖。站在湖边上，你就会被一种神秘的氛围所包围，你甚至会有一种印第安人的宝物唾手可得的感觉。在这里被群山环抱的明净如镜的湖水深处，至今仍隐藏着一个天大的秘密。据说，湖底有 5000 万件金器，著名的德国地理学家和旅行家亚历山大·洪堡和不少国家的寻宝人都曾幻想能找到它们。

在很久以前的时候，游人试图将瓜达维达湖的平静打破。1535 年，西班牙征服者瑟巴斯蒂安·德·贝拉卡萨在瓜达维达湖所在的厄瓜多尔首都基多遇见一个名叫麦凯我的印第安人，他给入侵者讲了这个神奇的黄金国的故事。丹凯多信誓旦旦地说，黄金布满了他的家乡。因为那里有瓜达维达圣湖，

※ 瓜达维达湖

总会有"金人"出现。印第安人将众多用纯金制作的物件倒进湖里，成百上千年来湖底已经堆积了数不清的财宝。贝拉卡萨一心想找到这个"黄金国"，于是组建了一支探险队，队员由一些衣衫褴褛、饥肠辘辘和体弱多病的欧洲人组成。这支队伍一共花了两年半的时间才抵达瓜达维达湖岸。

从这时开始，哥伦布抵达前的一个最强盛和发达的印第安人帝国—齐布查—穆斯卡的"黄金文明"便预示着衰落。

到达哥伦比亚之后，这些西班牙人便开始在瓜达维达湖上举行皇帝加冕仪式，从此开始了寻宝活动，他们购买了大量的烧煤的抽水机。一天夜里，刮起了风暴，湖水冲击湖岸，抽水机被卷入湖底。从此瓜达维达恢复了以往的平静。西班牙人找宝的企图无果而终，湖水惩罚了那些想探知它秘密的人。

◎高超的黄金制作工艺

古老救援的传说有着很大的迷信因素，就现实和科技来看，实际上哥伦比亚的印第安人制作金器的技艺还是相当高超的，同时这也给"瓜达维达湖黄金国"的梦幻提供了有力的佐证。穆斯卡人的黄金文化盛行于公元前2000年的前半期，就出现在现在的哥伦比亚波哥大高地上。

瓜达维达国的印第安人可以称得上是制作金器的高级工匠，居住在"黄金湖"湖畔的工匠又是穆斯卡帝国的佼佼者。当地居民把他们看成神，被赋予不一般的才能，在社会上拥有相当高的地位，其地位是任何人都无法替代的。很多作者在文章中都提到，认为穆斯卡人的黄金制作技艺是从圭亚那人和加勒比的土著民族以及南美印第安阿拉瓦克人那里学来的，其实恰恰相反。齐布查人才是新大陆珠宝加工业的先驱，工艺水平一流。他们不仅把自己的技艺传给了其他民族，还传给了厄瓜多尔、巴拿马和哥斯达黎加的居民。

◎凭空消失的"黄金城"

16世纪初，西班牙人占领了强盛的印加帝国，并且把所有黄金宝石全部掠夺走。当西班牙统帅庇萨罗听说印加帝国的黄金全是从马诺城运来时，兴奋异常，而且还听说那里金银财宝堆积如山，便召集士兵组成探险队，开赴亚马逊密林深处，寻找金银财宝堆积如山的"黄金城"。但是由于身处恶劣的环境，探险队员被困在着茂密的森林里，再加上环境恶劣，食人鱼、吸血蝙蝠、日轮花等凶残动植物的威胁，造成许多士兵葬身于此，"黄金城"只能成为庇萨罗一个遥远的梦想。随后，西班牙人、葡萄牙人、英国人、荷兰人和德国人风闻"黄金城"的消息，都想来分一杯羹，大家蜂拥而至，深入亚马逊密林，妄图夺取财宝。据说，其中有位叫凯萨达的西班牙人率领约716名探险队员向"黄金城"进发，在付出550条性命的惨重代价后，终于发现了"黄金城"，找到了价值300万美元的翡翠宝石，然而这仅是"黄金城"难以估价的财宝中的极小的一部分。庞萨罗得知后便率领大军，根据凯萨达提供的线索前往寻找"黄金城"，但他找到的却只是一座空城，城墙是粗糙的岩石，城中也没有大批黄金，不见任何东西，更别提那些大量的宝藏。这也就意味着"黄金城"消失了！"黄金城"真的存在吗？如果它真的存在，那么它消失的真正原因又是什么？几个世纪以来，"黄金城"三个字如同充满磁力的磁铁，将各地探险家和考古专家的目光和注意力牢牢吸引，许多人都投身到寻找这块神秘之地的探险活动中，妄图得到一些神秘的信息。然而在这个一望无际的原始森林里，每前进一步就意味着恐惧和死亡，这里不仅有凶猛的猛兽毒蛇，更有从来没见过的野蛮的食人部落，到处都有迷失道路的危险，一支支探险队或失望而归，或下落不明。没有人能再发现这座富丽堂皇的"黄金城"，它仿佛从来没存在过似的消失了。

▶ 知 识 窗

　　在哥伦比亚首都波哥大有一座著名的黄金博物馆，这是世界上最大的黄金制品博物馆，它汇集了在欧洲殖民者疯狂掠夺中幸存下来的一大批手工艺珍品。在这座博物馆中最引人注目的要属一件被称作"穆伊斯卡人的轻舟"的纯金圆雕。据说这件精致的黄金制品来自传说中神秘的"黄金城"。而瓜达维达黄金湖的传说是否真实呢？目前为止，没人能解释，不过那里盛产金矿是个世人所知的事。在哥伦比亚，几乎每个家庭都收藏有几件自家世代相传的古老金器，有些人家还自称知道一些秘密金矿层。不少人还是相信瓜达维达湖底确确实实有成百上千吨的黄金和宝石。

拓展思考

1. 你还知道关于瓜达维达湖的什么传说？
2. 湖内有什么矿产资源？

加尔达湖

Jia Er Da Hu

如果说意大利的形状是一双时尚的靴子的话，加尔达湖就是靴子上面的弯弯曲曲、又细又长的垂到底部的鞋带。加尔达湖，也叫贝纳科湖，是意大利最大最干净的湖泊。位于意大利北部，约在威尼斯和米兰的半途之间，坐落于阿尔卑斯山南麓，由上一次冰河时期结束时因为冰川融化作用而形成的，是二战后发展起来的颇受欢迎、吸引人的旅游胜地之一。

加尔达湖融合了地中海的迷人、山的魅力和保留完好的神奇的自然之美。这里温和的气候和独特的水温（可以让人在五月到九月游泳），洒满阳光的海滩和装备齐全的小港口，棕榈树和夹竹桃，橄榄树和葡萄树，水中会倒映出石块和悬崖峭壁，东边巴尔多山的山脊和特伦托山，北边岸滨的布兰塔的白云山脉，仿佛就

※ 加尔达湖

是镶嵌在波河平原和阿尔卑斯山之间的硕大的美玉。加尔达湖除了它自然风景的魔力，还充满着沧桑的历史感：河岸上布满的古老城镇、城堡、修道院和特色博物馆，又使这里成为了一个真正的"文化宝库"，令人深深着迷。

第一个为加尔达湖着迷的人是著名的拉丁诗人卡图罗，他在西勒米奥奈有一幢别墅。他之后，加尔达就成为了各个时代的诗人和作家的所爱：但丁（他把加尔达湖描写进了地狱篇的第二十章），歌德、乌戈一弗斯科罗，甚至是拜伦和司汤达。连诗人乔苏埃·卡尔杜奇和加布里埃莱·邓南遮对此地的美景赞叹有加，并为之深深着迷加布里埃莱·邓南遮在这里的卡尔尼科·迪·加尔德奈别墅（胜利别墅）度过了他最后的 17 年。还有詹姆斯·乔伊斯和庞德也爱上了这里的海岸。至于卡夫卡，则于 1909 和 1913 年间，住在德森扎诺和马勒切西奈。

九世纪初皇帝查理曼获得了对湖区的统治权，将加尔达市提升为县后，将此湖的名字改了，因湖边城市加尔达而得名。意思是"瞭望塔、防守哨"，古罗马城名是贝纳库斯，很可能源自拉丁语的 bi (n) aqua，意为"两水之间的地方"，即指"该城坐落于此湖分成两个小湾之处"。1919 年以前，湖的北端属于奥地利。1931 年，开

※ 迷人的加尔达湖

放环湖的加尔登萨那旅游公路（89 哩），沿途的景色壮美异常。由于北面有阿尔卑斯山作为屏障，所以加尔达湖属于温和的地中海气候。

◎斯卡利杰拉城堡

由维罗纳的斯卡利杰里家族建造。在村庄整洁的港口和引人注目的房屋上赫然耸立。可以欣赏到公路上所看不见的湖泊、别墅和花园的不同的美景会给人带来不一样的感受。当地游客中心提供游泳、高尔夫球、划船和徒步旅行等可供选择活动的细节。

◎维多利亚莱二世别墅

这幢别墅后来由加布里埃莱·邓南遮（1863～1938）改造成庸俗作品的宝库，他是一位著名的诗人、工兵、社交界名人、沉溺于女色者以及法西斯分子的同情者。可从一只经过防腐处理的乌龟到一战时的双翼飞机便可以看到那怪诞的风格。

▶ 知识窗

加尔多内湖岸：位于萨洛东北面 5 千米处的 SS45 路上，这里曾经是湖区最优雅的胜地，加尔达湖最唯美壮观的高地风光就是从这里开始。

拓展思考

1. 你了解加尔达湖畔的三座城堡吗？
2. 加达尔湖的形成原因是什么？

普利特维采湖

Pu Li Te Wei Cai Hu

外媒曾报道，用"此景只应天上有，人间难得几回闻"形容克罗地亚国家公园的普利特维采湖区是一点也不为过的。普里特维采湖群是克罗地亚著名的国家公园，又称十六湖国家公园，是一处拥有多种珍禽异兽和绝美景色的景区，同时也是克罗地亚最大的国家公园。

普里特维采湖区有"欧洲九寨沟"之称，于 1979 年列入联合国教科文组织世界遗产。普利特维采湖是由 16 个相互连接的天然湖泊组成，俗称十六湖。每个湖之间的高低十分悬殊，正是这个原因，因此湖之间形成了数百条如银帘般的大小瀑布，最大瀑布落差达 76 米，"飞流直下三千尺"的瀑布错落有致，景色绝好。周围环绕着

※ 普利特维采湖

以山毛榉和冷杉为主要树种的原始丛林。源于普利特维采湖的原生态且特别的美景，普利特维采湖深受各国友人的好评。有游客评价道："旅游不仅仅有人文风光，也有自然美景。克罗地亚国家公园就是我们大自然母亲最温婉、最可爱的样子"。

当地森林生活着鹿、野猪、熊、狼和一些稀有的鸟类。在阳光的照耀下，由近及远的看湖面，因其多变深邃的颜色，湖水的颜色从天蓝色到绿色，由灰色渐变到蓝色。颜色的变换是因为其中的矿物质的含量和种类不同以及光的入射角度等共同决定。普利特维采湖群是数千年来流经石灰石和白垩上的水，逐渐沉积为石灰华屏障，构成自然的堤坝，后者又创造了一系列绮丽的湖泊、壮观的洞穴和瀑布，这种地理进程今天仍在继续。

公园里不仅有美丽异常的风景，更有山毛榉和冷杉为主要树种的原始林及熊、鹿、狐、狼、羚羊、貂、秃鹰、鹰等平常很难见到的珍禽异兽。

普利特维采湖群由于它丰富多变的地貌所产生的和谐美感，在不同的季节里，公园会给人带来不一样的美：春天瀑布水量丰盈，十分壮观；夏季一片绿意浓浓；秋季枫红叶落，宛如置身在画中；到了冬季，公园内到处是皑皑白雪，银装素裹。

※ 风景秀丽的普里特维采湖

湖群的湖水更是变幻无穷，普利特维采湖群国家公园处于亚得里亚海岸及欧洲大陆的交界处，普列提维切湖国家公园的夏天处处洒满阳光，到处是一片美丽的白色，由于它绝好的地理位置及气候，使湖区的周遭到处是郁郁葱葱的茂密森林，老木翳天，枝条交缠，水气弥漫，石凉苔滑。甚至还保留了大片的原始森林，更是由于有这样良好的环境，对生物多样性的发展创造了更多可能和机会。

公园内建有旅馆、商店等接待设施，辟有汽车露营地及电动游览车、游艇、游船等游娱设备，供游人划船、钓鱼、游泳活动。每年4～10月为旅游黄金季节。

▶ 知 识 窗

　　九寨沟位于四川省阿坝藏族羌族自治州九寨沟县漳扎镇，是白水沟上游白河的支沟，以有九个藏族村寨（又称何药九寨）而得名。九寨沟海拔在2000米以上，遍布原始森林，沟内分布108个湖泊，有"童话世界"之誉；九寨沟为全国重点风景名胜区，并被列入世界遗产名录，为国家AAAAA级旅游景区。

拓展思考

　　1. 你知道的九寨沟的主要特色是什么？

　　2. 九寨沟"山菜之王"是什么？

　　3. 如果有一天你有机会来到普利特维采湖，你最想感受哪个地方？

纳库鲁湖

Na Ku Lu Hu

纳库鲁湖国家公园是东非大裂谷中的一个长 65 千米的咸水湖，位于肯尼亚裂谷省首府纳库鲁市南部，占地 188 平方千米，海拔 1753～2073 米，其目的是为了保护禽鸟而专门建立的公园，也是肯尼亚的野生动物园之一。1960 年，纳库鲁湖连同附近草地、沼泽、树林和山地被划为鸟类保护区，1968 年正式辟为国家公园，是非洲地区为保护鸟类最早建立的国家公园之一。

纳库鲁湖及其附近的几个小湖，地处东非大裂谷谷底，由于受地壳剧烈变动的作用而逐渐形成的。它的周围有大量流水注入，但却没有一个出水口。长年累月，水流带来大量熔岩土，造成湖水中盐碱质沉积。这种盐碱质和赤道线上的强烈阳光，为藻类生物的生长提供了良好的自然条件。

几个湖的浅水区生长的一种暗绿色水藻，这种藻类是火烈鸟赖以为生的主要食物之一。水藻本身含有大量蛋白质，富有营养，一只火烈鸟每天约吸食水藻 250克。由于水藻还含有一种叶红素，火烈鸟周身是粉红色的，据研究是这种色素作用的结果。纳库鲁湖及其周围地区，成为火烈鸟聚居的地方，被称为"火烈鸟的天

※ 鸟的天堂

堂"。在这一带生活的火烈鸟约有 200 多万只，占世界火烈鸟总数的三分之一。火烈鸟的粉红色羽毛是当地群众制作工艺品的材料。

这里的火烈鸟分为大小两种，大的身高 1 米，长 1.4 米，数量较少；小的身高 0.7 米，长 1 米，数量较多。它们都是长腿、长颈、巨喙，很像白鹤，但全身羽毛呈淡粉红色，两翼两足色调稍深。火烈鸟有着极其别致的嘴：长喙上平下弯，尖端呈钩状。一群火烈鸟往往有几万只甚至十几万只，它们有时湖水中游泳，有时浅滩上徜徉，神态悠闲安详，像一群饭后散步的老人。兴致来时，它们轻展双翅，围着湖畔，翩翩起舞，场面十分

地球上的湖泊湿地

的梦幻。这时的纳库鲁湖则是湖光鸟影，交相辉映，红成神奇的色彩、奇特的变幻，被誉为"世界禽鸟王国中的绝景"。为观赏这一奇景，每年都会有大批游客从世界各地慕名来到纳库鲁湖。

由于气候温和，湖水平静，加上有茂密的水草，除火烈鸟之外，这里还栖息着400多种、数百万只珍禽。在茂密的森林里，居住着褐鹰、长冠鹰等食肉鸟，也有滨鹬、矶鹬等候鸟，还有杜鹃、翠鸟、欧椋鸟、太阳鸟等。整个纳库鲁湖国家公园简直就是各色各样鸟类的乐园，每年有许多鸟类学家从世界各国前来考察研究，因此这里也是"鸟类学家的天堂"。此外，公园中还有多种大型动物，如疣猴、跳兔、无爪水獭、岩狸、河马、豹子、大羚羊、黑斑羚、瞪羚、斑鬣狗、狐狸、野猫、长颈鹿、白犀牛等。

◎纳库鲁湖国家公园可能消失

专家称，如果肯尼亚西部马乌山森林继续遭到破坏，就会造成纳库鲁湖的水量不断减少，很可能在未来的几十年里纳库鲁湖国家公园会不复存在。另一方面，纳库鲁地区人类居住区的侵蚀也是造成注入纳库鲁湖的河水减少的重要原因，一些河流已经干涸或季节性有水，例如恩乔罗河水量已经减少75％，而马拉河的水量只有原来的十二分之一。在没有足够的新鲜水流注入纳库鲁湖的情况下，湖中就不会有火烈鸟赖以生存的植物，由于如此纳库鲁湖的火烈鸟将难以生存，纳库鲁湖国家公园也就会不复存在。

▶知识窗

火烈鸟又名大红鹳，体型均匀，羽毛有黑、白、玫瑰、朱红色，火烈鸟喜欢群居，一群往往有几万只，甚至几十万只。它们经常是在湖的浅水区游串，在岸畔信步倘徉，交颈嬉戏。一时兴起，扑棱棱双翅舒展，长颈猛摇，列成严整的方阵，翩然起舞。每当此时，湖光鸟影，交相辉映，犹如万树桃花在水中飘游。而一旦兴尽，嘎啦啦一声长鸣，在空中飞行，排成整齐的队伍，绕着湖边翻飞。一湖桃花遂化为一片彩霞，直烧中天。这一奇幻的景色，被誉为"世界禽鸟王国中的绝景"。

拓展思考

1. 你了解火烈鸟吗？
2. 该如何保护火烈鸟？

安纳西湖
An Na Xi Hu

安 纳西湖位于法国上萨瓦省，阿尔卑斯山脚下，是法国仅次于Lacdu-Bourget第二大湖。

※ 安纳西湖

地球上的湖泊湿地

由于上世纪六十年代实施的严格的环境管理措施做得非常到位，安纳西湖被保护的非常好，被誉为欧洲最清澈的湖。安纳西湖著名的水上休闲娱乐活动而成为最受欢迎的旅游目的地。法国著名的启蒙思想家卢梭就曾经在安纳西度过了他一生中"最美好的12年"。小城安纳西位于安纳西湖北端，被誉为世界最美的100个小城镇之一。

老城的主要街道都集中在小河两边，在周身被鲜花充满的街道上行走的游客，踏着已经历经几个世纪的青色石板路，穿过优雅的拱廊，驻足在那些古董店。当你坐在街边的露天咖啡座，便可以看到旷日下，悠闲漫步来自各个国家的游客。

清澈见底的安纳西湖是杭州西湖的五倍，湖面上几缕轻雾飘浮，湖水通透见底，远处的雪峰若隐若现，宛如在天际，湖水与山峰更是融为一体，湖边繁花奇葩，天鹅嬉戏，充满着异样的情趣。他写道："我的心灵是安纳西的流水荡涤至净……"这是《忏悔录》的由来。

▶知 识 窗

　　阿尔卑斯山是欧洲中南部大山脉，覆盖了意大利北部边界，法国东南部，瑞士，列支敦士登，奥地利，德国南部及斯洛文尼亚。该山系自北非阿特拉斯延伸，穿过南欧和南亚，直到喜马拉雅山脉，从亚热带地中海海岸法国的尼斯附近向北延伸至日内瓦湖，然后再向东北伸展至多瑙河上的维也纳。总面积约 22 万平方千米。长约 1200 千米，宽 120～200 千米，东宽西窄。平均海拔 3000 米左右。欧洲许多大河都发源于此，水力资源非常丰富，为旅游、度假、疗养的最佳选择。

|拓展思考|

　　1. 安纳西湖的地方特色是什么？
　　2. 你了解安纳西湖的由来吗？

尼斯湖

Ni Si Hu

尼斯湖有时也译作内斯湖，位于英国苏格兰高原北部的大峡谷中，湖长 39 千米，宽 2.4 千米。虽然面积并不大，但是却很深。平均深度达 200 米，最深处有 300 米。该湖湖面即使在寒冷的冬季也不会结冰，两岸是陡峭的山峰，郁郁葱葱的树林。湖北端有河流与北海相通，位于横贯苏格兰高地的大峡谷断层北端，是英国内陆最大的淡水湖。海拔约 16 米，约 38，624 米长，约 1，610 米宽，对外唯一的联络水道是尼斯河。

※ 迷人的尼斯湖

受所处位置的影响，尼斯湖的湖水水温非常低，不适合游泳。由于湖水充满了泥煤，使能见度只有几千米而已，而且水非常深，在 1960 年代，有约 230 米的深度。而在 1969 年的一次水底探测行动，宣称到达水深 250 米处，并且以声纳测得的最深深度是 298 米。

尼斯湖的水域超过1,800平方千米,由奥伊赫河和安瑞科河及数个其他河流汇集而形成。尼斯河为其出路,注入马里湾。常见湖水的表面的波动通常是由因温差而造成的。造成水位大幅起落的一个原因是湖中严重缺乏水中植物,另一个原因是湖底深处靠海岸线很近。深湖动物也极少,尼斯湖像苏格兰高原和斯堪的那维亚的一些深湖一样,传说有神秘的水怪出现。尤其是尼斯湖岸公路通车以来,更多所谓的尼斯湖怪物的目击报道出现。至于水怪存在的可能性——或许是一只早已绝种的蛇颈龙孤独地度其残生——会继续吸引许多人的好奇和兴趣。

在夏季,距离水面30米内的水温可达12℃,但是30米以下的水温却仍然保持在5.5℃。受这一情况的影响,一般的鱼类和水生动物都是生存在靠近水面的地方,直到1980年代,大家都相信在湖底并没有任何生物存在。但是在1981年的尼斯湖计划却在水深超过约213米的地方发现了北极嘉鱼的踪影,因此,现在还不能确定湖下是否会有别的生物存在。

◎水怪传说

关于水怪的最早记载可追溯到公元565年,爱尔兰传教士圣哥伦伯和他的仆人在湖中游泳,水怪突然向仆人袭来,得到教士的帮助才得以安全,仆人才游回岸上,保住性命,自此以后,在十多个世纪里,已经有相关水怪出现的消息多达一万多宗。但当时的人们对此并不相信,很多人认为是迷信远古的传说罢了。

直到1934年4月,伦敦医生威尔逊途经尼斯湖时,正好发现水怪在湖中游动。威尔逊连忙用相机拍下了水怪的照片,虽然照片并不清晰,但还是明确的显出了水怪的特征:长长的脖子和扁小的头部,看上去与任何一种水生动物都没有相似点,倒是像极了早在七千多万年前就已经灭绝的巨大爬行动物蛇颈龙。

蛇颈龙是生活在一亿多年前到七千多万年前的一种巨大的水生爬行动物,同时也是恐龙的远亲。它有一个细长的脖子、椭圆形的身体和长长的尾巴,嘴里长着利齿,以鱼类为食,是中生代海上的霸王。如果尼斯湖水怪真是蛇颈龙的话,那它无疑是极为珍贵的残存下来的史前动物,这一发现也将在动物学上起到很大的作用。

位于苏格兰高地上的尼斯湖因其独特的自然风光而闻名于世,更因其"怪兽"传闻而变得神秘异常,美丽与神秘并存的尼斯湖如今准备争夺联合国世界遗产的头衔。

由尼斯湖区域的商业团体组成的"终点尼斯湖"组织向联合国教科文

组织提出了申报请求，如果成功，尼斯湖将与中国长城、埃及金字塔、澳大利亚大堡礁齐名。

即便是美丽的尼斯湖的申报也同样面临着激烈的竞争，仅在苏格兰就有安多宁城墙和卡洛登战场两处申报世界遗产。

长达59千米的安多宁城墙建于古罗马时期，东起福斯河湾，西至克莱德河湾，是罗马帝国皇帝安敦宁·皮乌斯在140年征服了苏格兰南部以后，为了防止苏格兰北部的皮克特人战士南侵修建的。

※ 尼斯湖水怪

看来，尼斯湖面临的竞争还是很大的。为了进一步提高知名度，为自己增加魅力尼斯湖举办了探险游泳竞赛，让各国人士领略尼斯湖风情。

▶知识窗◀

　　尼斯湖波兰语作 Nysa，波兰西南部两条河流的统称（1945年前属德国）。尼斯一乌日茨卡河较著名，长252千米，为德国、波兰界河；尼斯一克沃兹卡河长182千米，全部在波兰境内。两河均源出苏台德山脉，向北注入奥德河。尼斯河是奥德河左支流。源出捷克苏台德山西缘，北流构成波兰和德国界河。长256千米，流域面积4,232平方千米。下游古宾以下可通航。河港有利贝雷茨（捷）、齐陶、戈尔利茨、古本（德）和古宾（波）等。尼斯湖即"内斯河"。

拓展思考

1. 你知道尼斯湖水怪吗？
2. 你还知道有关尼斯湖别的传说吗？

日内瓦湖

Ri Nei Wa Hu

日内瓦湖（法方称莱芒湖）是阿尔卑斯湖群中最大的一个，日内瓦湖是由罗纳冰川形成的。湖身为弓形，湖的凹处朝向南。当罗纳冰川受气候影响消融后，最终形成罗纳河，它是吐纳日内瓦湖水的主要河流。湖畔和毗邻地域，气候适宜，温差变化非常的小，随之建设的还有许多游览胜地。位于瑞士西南端的日内瓦近郊，同法国东部接壤，长72千米，宽8千米，面积580平方千米。分属瑞士和法国，大约各占一半。湖面海拔375米，平均水深150米，最深处达310米。湖水流向是由东向西的，湖形形状略似新月，月缺部分则与法国衔接。是阿尔卑斯山区最大的湖泊，湖水荡漾，烟波渺渺，平静的湖面犹如一面镜子。

※ 日内瓦湖

湖的南部是被白雪覆盖的山峦，山北广布牧场和葡萄园，湖水以其清澈通透而驰名世界。

日内瓦湖又名莱蒙湖，也称日内夫湖，是西欧名湖，为著名风景区和

　　水不扬波，终年不冻，湖水深蓝而清澈，是日内瓦湖的最大特点。

※ 美丽的日内瓦湖

　　日内瓦湖是一个冰碛湖，据说在第四纪冰期，发源于阿尔卑斯山的罗纳河在埃克吕泽地区被冰碛物质所阻断，受此作用因此汇水成湖。当时，湖面一直上升到海拔 425 米。后来，罗纳河找到了新的出口，湖水开始缓慢下降。

　　现在共有 41 条河、299 个冰川的融水注入日内瓦湖，其中最大的河是罗纳河，它以每秒 180 立方米的流量从湖的最东部流入，又在日内瓦从湖中流出。由于罗纳河发源于阿尔卑斯山，水从山中流出，水流速度是极高的，期间带有大量的泥沙，据估计，它每年带入日内瓦湖的泥沙约有 400 万吨。因此有人说，罗纳河促成了日内瓦湖，但却又在不断地填塞它。

　　日内瓦湖中一个巨大的人工喷泉十分显眼。那冲天而起的高大水柱，从湖面直射天际，壮观至极。这个人工喷泉最初是 1891 年建成，当时所喷射的高度只有 90 米。它的动力是两组安装在水下的水泵，总重为 16 吨，由每分钟达 1,500 转的 500 千瓦 2,400 伏的发动机带动。每个水泵的功率为 1，360 匹马力。

天鹅和水禽搏戏水上，游艇和彩帆均在湖中飘扬。群群白鸽在湖畔徜徉，透出一种别样的宁静。入夜后，湖面上倒映着霓虹灯的灯光，在湖水的映衬写更是美艳动人，一些豪华游船上常常举办音乐会或舞会，乐声与波声组成一支绝妙的交响曲，有种绝妙的体验。

日内瓦湖以勃朗峰桥为中心，在湖的周围有很多景点，如激流公园、玫瑰公园、珍珠公园、英国花园、植物园，还有湖畔的花钟等等。湖滨别墅连绵，红墙碧瓦掩映在绿茵丛中，花香四溢，碧波盈盈，素来享有极高的赞美，被誉为人间仙境。

◎名称由来

这座湖自罗马帝国时期有记录以来的第一个名称叫 Lacus Lemannus，而在中世代时有 Lacus Lausonius、Lacus Losanetes 和 Lac de Genève 等不同的名称演变。到了日内瓦公国的时候，现在的日内瓦湖这一名称才出现。十八世纪时，莱蒙湖开始在法国流传。它从前在日内瓦称做日内瓦湖，在其他地方称做莱蒙湖，但现在大家习惯的称法是莱蒙湖，即使在英语里依旧称它为 Lake Geneva。有些地图则会标示此湖为 Lac d'Ouchy，自从洛桑的港口建造完成之后。

> ▶ 知识窗
>
> 1827 年，在瑞士的日内瓦湖，人类第一次进行了声音在水中传播的速度的测试，结果是速度大约为 1500 米/秒，在空气中音速的 4 倍多。

拓展思考

1. 日内瓦湖的气候是怎样的？
2. 你了解日内瓦湖的成因吗？

地球上的湖泊湿地

国王湖
Guo Wang Hu

国王湖位于德国和奥地利边境的小城贝希特斯加登旁，靠近阿尔卑斯山脉。这个位于藏于崇山峻岭中的小镇，被称为是德国阿尔卑斯山区最美丽的地区。

◎形成

国王湖在最后一个冰河时期才由冰川形成的，长 7.7 千米，最宽处约 1.7 千米，湖岸线长 19.96 千米，面积 5.218 平方千米，湖水容量 511,785,000 平方米，平均水深 98.1 米，最深处 190 米，国王湖是德国最深的湖泊。除了出口处毗邻城镇外，国王湖完全被阿尔贝斯山脉环抱，其中包括德国的第二高峰瓦茨曼山脉。

国王湖属于国家公园，有包括国王湖三湖、希特勒的茶室鹰巢、耶那峰、阿尔卑斯山德国境内第二高峰瓦茨曼峰、拉姆稍教堂、魔法森林、盐山等等。

国王湖位于小镇南方 5 千米处，湖形狭长，十分美丽。国王湖位于高 1885 米的 Kehlstein 山顶。1937 年，建了这座招待所作为希特勒生日贺礼，之后鹰堡便成为战时希特勒用来招待盟友玩乐及与盖世太保们开会的地方，如今的鹰堡已成为著名的山顶餐厅及展望台。

※ 国王湖

国王湖在巴伐利亚州南部群山环绕之中，是一个因受冰河侵蚀作用而形成的湖泊，极像北欧的峡湾风貌，湖水清澈通透。湖水平如镜，宛如一块硕大的美玉镶嵌其中，国王湖四面被山所环抱，山势十分的陡峭险峻，感觉像是被哪位巨人在这山间用刀劈开的一样，乘船在湖上游走时，宛如置身于天边，被誉为德国最美的湖泊。据说国王湖的名字就是来源于这四围的高山，一个像国王，一个像王后，中间的小山峦则就像是它们的孩子，远处还有一座躺下的巫婆峰。

奥伯萨尔茨堡峰高约 1524 米，在山脊上向下俯瞰，之间群山林立，国王湖掩映于山谷之中，其壮观令人惊叹不已。湖心岛上红顶的修道院，山间的巨石，每一件物品都像是一幅绝美的立体画。此外，从火车站下车后沿着专供步行的山间小路走到湖边，更可以体会到清溪石上流，涧水穿越林间的原始自然的美妙，有窄滩有湍流，其灵气无比，无法用言语形容。但是如果想要徒步前往红顶教堂，就要翻过群山。乘船前往是大多数游客们的选择，不仅可以省时，更能感受在山水间徜徉的别样滋味。国王湖被陡峭的山峰夹在中间，游船穿行其中，别有趣味。当游船来到一绝壁前，水手吹起了小号，乐声在山谷中飘荡开去，又绝妙地回荡回来。据说从前航船穿行到此，船长就会鸣响火药枪，枪声能够回响 7 遍，让人心动不已。当然天气好的时候，小号声也能够回响两遍，不过即使在阴天，至少也会响一遍的。悠扬的号声可不是免费的，游客需要为此支付一些小费。

▶ 知 识 窗

　　1964 年 1 月 19 日，一个冒险者驾驶他的大众甲壳虫汽车未经允许在夜晚驶上结冰的湖面，结果在从圣巴多罗回来时与汽车一起沉入湖底。直到 1997 年这辆汽车和冒险者腐烂的尸体才被潜水艇在 120 米深的湖底找到。

| 拓展思考 |

1. 国王湖名字的由来是什么？
2. 关于国王湖有什么传说？

巴拉顿湖

Ba La Dun Hu

中欧最大湖泊，地处北纬 46°50′，东经 17°45′。在匈牙利中部，从西南到东北长 80 千米，面积 596 平方千米。平均水深仅 3.3 米，最深处 11 米。在东头三分之一处蒂豪尼半岛从北岸突出湖面，顶端离南岸仅 1.5 千米。佐洛河是注入该湖水量最大的河流，多余的水便从东端水闸泄出。

巴拉顿湖呈狭长条状，长为 78 千米，宽 1.5 至 15 千米，面积达 596 平方千米，平均水深为 4 米，最深处有 11 米。巴拉顿湖的湖水很浅，容积也不大，湖水主要靠佐洛河和北岸入湖河流补给和调节。每年的 4～5 月间水位达到最高，9～10 月间由于气温偏高，受蒸发量大的影响，湖水的水位在此时最低。巴拉顿湖湖水沿东岸

※ 巴拉顿湖

希欧渠流入多瑙河，北岸的蒂哈尼半岛深深地伸入湖心，几乎把湖面分割成两半。半岛高出水面约百米，岛上的道路非常难走，路的两旁是参天大树，景色安静秀美。蒂哈尼半岛是巴拉顿湖上景色最美的地方，从半岛顶端便可以看见整个巴拉顿湖的全貌。

该湖在不到 100 万年前的更新世末期湖床开始形成，最早这里原有一串南北向的 5 个小湖，经过风、雨、冰的长期的侵蚀作用，渐渐成为一片。四围有一条狭窄的沉积岩；北岸是岩石丘陵；西北陶波茨拉湾地区多玄武岩山帽，是 700 万年前火山喷发的遗迹；湖南面多是沙土和黄土平地。气候属大陆性，5～10 月天气十分温暖，洒满阳光。夏天温度 24℃～28℃，冬天湖面结冰，厚达 20 厘米。

蒂豪尼半岛上有野生动物保护地，另一保护区设在凯斯泰伊附近广阔

地球上的湖泊湿地

芦苇荡里，用来保护那里的珍贵的水鸟。南面的黄土地带的土地养料丰富，十分肥沃。西北面火山土宜种葡萄，盛产名酒，1960 年代开始发展旅游业。南岸的希欧福克和北岸的巴拉顿菲赖德现已成为著名旅游胜地，后者的矿泉水可治心脏病，古老的蒂豪尼镇以博物馆和生物站吸引游人。

※ 巴拉顿湖的夕阳

巴拉顿湖以绝美的湖光山色，成为直接闻名的旅游胜地，匈牙利人自豪地把巴拉顿湖称为"匈牙利海"。

◎自然环境

巴拉顿湖北岸群山林立连绵，耸立着郁郁葱葱的大树，尤如一道天然的绿色屏障；湖南岸广阔且平缓，形成欧洲最长的水浅沙细的湖滨，是良好的天然浴场。夏天，成千上万的旅游者涌向这里，与大自然亲密接触，呼吸最纯净的空气，享受最天然的阳光。巴拉顿湖水中含有大量矿盐，对人体的好处是非常大的，因为湖水浮力又大，特别适合游泳，且不易发生事故，在景色秀丽的湖滨，建有许多饭店、疗养院和别墅等服务设施供旅客休息娱乐。当夜幕来临之时，多姿多彩的霓虹灯与湖水相映成趣，构成扑朔迷离的迷人湖区夜景。

巴拉顿高地国家公园又被称作小巴拉顿，1993 年，它被列入国际野生水域名录。这里有巨大的神奇的沼泽地，有 230 种鸟类在这里繁衍生息。在这里，游客可以看到神奇而且种类神多的鸟类世界。

经过两万年的地壳运动巴拉顿的地貌特征才开始形成的，这些地质运动可以追溯到冰河时代。无数次的地震使得沉积的地表变成了一个个盆地，盆地中不断聚集的雨水经过长时间的自然作用逐渐形成了现在的湖泊和沼泽。风、雨及冰雪不断的侵袭将盆地分割开来，最终大约在 5000 至 7000 年前形成了巴拉顿湖。据考证，巴拉顿湖的北岸有 14 座火山，几千年来正是由于不断喷涌而出的火山岩堆积形成了巴拉顿湖特别的地貌特征。时间在火山岩中凝固了，山边被一股股凝固的火山岩浆装饰成一个个

地球上的湖泊湿地

巨大的"管风琴"，场面蔚为壮观。

巴拉顿湖虽然不像大海那样波涛汹涌，但在晴朗的天气之时，碧波渺渺、白帆点点，群鸟在湖面上盘旋，好似一幅动人的海边立体画。湖上的气候非常多变，有时也像大海一样变幻莫测，从大西洋来的西风气流翻越山峰最终直达湖面，直接造成气温下降，从而产生暴风雨。使原本风平浪静的巴拉顿湖顷刻间会风起云涌，雷电交加。因而，巴拉顿湖被赋予"匈牙利海"的称誉。在巴拉顿湖南岸的西奥福克是湖区最大的休养中心和游览区，它的湖岸线长1千米，有150多座疗养院和旅馆。这里也是湖上交通中心，船舶来往十分频繁，直升飞机甚至也在这里起降。白天，人们可以在大型运动场上锻炼身体；晚上，人们可以到露天剧场去观赏文艺演出或看电影，有趣之极。

巴拉顿湖北岸的巴拉顿费尔德是一个历史悠久闻名世界的疗养地，如今，这里已建成一座风光绮丽的花园城市。在巴拉顿湖西岸不远处，还有一个名叫赫维斯的温泉湖，温泉水的功能十分神奇。巴拉顿湖的特别不仅在于它有绝美的自然风光，更在于还有许多著名且气势恢弘的古建筑。在湖岸南北，分布着古老的罗马式、哥特式和巴洛克式建筑，其中最华美的巴洛克式建筑是舒梅格教区教堂。现在，巴拉顿湖区已被辟为国家公园，也是举行水上运动比赛的重要场地。

▶ 知 识 窗

巴拉顿高地国家公园被称为小巴拉顿，有一片广大的沼泽地，栖息着230种鸟类，常见的有苍鹭、白鹭、鸬鹚、篱鹭、麻鸦、翠鸟，以及各类鸥、燕、鸭。秋冬季鸟类开始迁徙时，国家公园会组织游客观光。1993年，小巴拉顿被列入国际野生水域名录，站在卡尼城堡垒岛的塔楼上向下俯瞰，便可以看到它的全貌。Talpoca有一个洞穴湖，可以租船划进洞穴。

|拓展思考|

1. 巴拉顿湖有什么景点？
2. 能代表巴拉顿湖的景点是什么？

拉多加湖

La Duo Jia Hu

拉多加湖位于列宁格勒州边境的卡累利阿共和国和俄罗斯西北部，临近芬兰边境。拉多加湖有在圣彼得堡的支流涅瓦河，最后流入芬兰湾（波罗的海的一部分）。拉多加湖约有岛屿660座，是俄罗斯同时也是欧洲最大的湖泊。

◎欧洲最大的淡水湖

拉多加湖在以前被称作涅瓦湖，在俄罗斯欧洲部分西北部，在圣彼得堡以东约40千米。湖面海拔5米，湖长219千米，平均宽83千米，面积1.8万平方千米。湖水南浅北深，平均深51米，北部最深处230米，湖水容积908立方千米。北岸大多高岩岸，有许多受地质作用而被切割形成的小峡湾，湖岸蜿蜒曲折。南岸较低并且平缓，沙嘴和浅滩较多。有沃尔霍夫、斯维里和武奥克萨等河注入。西南有涅瓦河流出，通波罗的海。湖

※ 拉多加湖

中多风浪，且风浪较大，因此不利于航运。南岸建有环湖的新拉多加运河，为沟通白海－波罗的海及伏尔加河－波罗的海的重要航道。湖中含有非常丰富的鱼类，其中以鲑、鲈、鳊、白鱼、鲟、狗鱼和胡瓜鱼类为主。

拉多加湖约有571个小湖和3,500条长10千米以上的河流。其中最大的是南面的沃尔霍夫河、东南的斯维里河、西面的武奥克萨河。湖中约有小岛660个，总占地面积456平方千米。

湖区属温寒气候，平均年降水量610厘米。由于气候寒冷造成结冰期较长，沿岸地区可达5～6个月，中部约3个月。

※ 美丽的拉多加湖

◎气候

拉多加湖湖区基本属于亚寒带的大陆性气候，平均年降水量610毫米。6、7月水位最高，12月和1月水位最低，平均年较差约0.8米。最多可相差约3米，由于气候寒冷，引起湖区的结冰期较长，沿岸地区可达5～6个月，中部约3个月。沿岸地区12月开始结冰，湖中间1月或2月开始结冰，冰层厚度平均为50～60厘米，最厚可达88.9～99厘米。大部分3～4月开始解冻，但北部迟至5月始解冻。

拉多加湖受自然因素的影响，气温年较差或气温日较差是很大的。在气温的年变化中，最暖月和最冷月分别出现在7月和1月（南半球分别在1月和7月）。由于春季升温快，秋季降温的速度十分快，一般春温高于秋温。在日常变化中，最高温度出现的时间较早，通常在13～14时；最低气温一般出现在拂晓前后。大陆性气候的另一重要特征是降水量少，且在不同的季节和地区是不同的。大陆性气候影响下的地区，一般为干旱和半干旱地区，降水量一般不到400毫米，甚至在50毫米以下。

冬寒夏暑，昼夜温差大，降水量很小，空气干燥是拉多加湖非常典型的特征。一般越是离海远，纬度高的地区越是明显。如新疆地区在盛夏季节，清晨凉爽，中午炎热，故有"早穿棉袄午穿纱，围着火炉吃西瓜"的谚语。在大陆性气候影响下的地区，一般为干旱和半干旱地区，降水量一般不到400毫米，甚至在50毫米以下。

▶ 知 识 窗

　　沿岸主要城市有普里奥焦尔斯克、索尔塔瓦拉和彼得要塞等。拉多加湖是涅瓦河—波罗的海和波罗的海—白海水路运输系统中的一个组成部分，经此可以沟通俄罗斯到芬兰和德国等的水运。在第二次世界大战时，在列宁格勒（圣彼得堡）被围期间（1941.9～1943.3），拉多加湖成为交通运输的生命线，军事补给品的供应、伤病员的撤离，都取道拉多加湖。沿湖有普里济奥尔斯克、利什斯谢尔堡及索尔塔瓦拉等城市。

| 拓展思考 |

1. 你了解拉多加湖的形成吗？
2. 拉多加湖主要的动植物是什么？

休伦湖

Xiu Lun Hu

休伦湖是北美洲五大湖之一，作为北美五大湖中第二大湖，休伦湖的位置居中，为美国和加拿大所共有。它由西北向东南延伸，长 330千米，最宽 295 千米。面积 5.96 万平方千米，在五大湖中居第二位。湖面海拔 177 米。平均水深 60 米，最大深度 229 米。蓄水量 3540 立方千米。湖岸线长 2700 千米，道路较为曲折蜿蜒，东北部有乔治亚湾。

休伦湖湖岸原为印第安易洛魁人居住的地方，法国殖民者贬称他们为hure（法语），意为毛茸茸、乱蓬蓬的意思，后转英译为 Huron。

※ 冬季的休伦湖

休伦湖的湖岸多为沙滩、砾石滩和悬崖绝壁。湖水水质很好，到了冬季换全都被洁白的冰雪覆盖，煞是好看。休伦湖的通航期全年通航期 7～8 个月。经圣玛丽斯河接纳苏必利尔湖水，经麦基诺水道接纳密歇根湖水，流域面积 13.39 万平方千米（不包括湖面积），南经圣克莱尔河—圣克莱尔湖—底特律河入伊利湖。多岛屿，主要分布在乔治亚湾，其中马尼图林岛面积 2766 平方千米，为世界最大湖岛。休伦湖更是为旅游、休养的最佳选择。湖区铀、金、银、铜、石灰石和盐等矿产资源丰富，为重要工业区。由于水质良好，营养丰富，非常适合鱼类的生长，休伦湖的渔业非常发达。它的重要港口有麦基诺城、阿尔皮纳、萨尼亚、罗克波特、罗杰期城等。

休伦湖的小岛众多，大部分分布在东北部的乔治亚湾，其中马尼图林岛是世界上最大的湖中岛（长 130 千米，面积 2766 平方千米），岛上湖沼众多，马尼图林湖面积最大，达 106.42 平方千米，是世界上最大的湖中之湖。湖岸有沙滩、砾石滩和悬崖绝壁，景色甚是美丽，不论是休养还是娱乐它都会是最佳的选择。

休伦湖的西部是美国密西根州，东、北为加拿大安大略省。流域面积 133,900 平方千米（不包括湖面积 59,570 平方千米）。有苏必略湖（经圣玛利河）、密西根湖（经麦基诺水道）和众多河流注入。湖水从南端的圣克利尔急流（经圣克莱尔河、圣克莱尔湖和底特律湖）排入伊利湖。

休伦湖户内富含铀、金、银、铜、石灰石和盐等矿产资源丰富，是美、加两国重要工业区。圣克莱尔河东岸多炼油厂和石油化工厂，被称为加拿大的"化工谷"。湖泊由于水质好，鱼类非常丰富。湖区伐木业和捕鱼业同样很发达，其中主要经济项目有伐木业和渔业。沿湖大多发展旅游业，多为游览区。

※ 休伦湖

7 月份的休伦湖，处于黄金季节，水天交融，群鸟在树林中纷飞。

进入湖区，看到黄金季节的休伦湖，并不是想像中浓重的色彩，只有绿、蓝、白这几样，但就是这么简单的颜色，却是生动异常，这种简单的色彩充满着生命的活力。茂密的森林，郁郁葱葱，深绿的色泽。从森林的空间露出的湖水是碧蓝色，一眼望不到头。湖岸分两类，一类是石岸，石岸不是混在绿中就是掺杂在蓝色里。部分地段在黑绿的林木与碧蓝的湖水之间，会出现一条洁白的沙岸。休伦湖的沙是很有些名气的，这些沙以细腻纯净著称。处于北纬 43°～48° 的休伦湖，在 7 月份有着长长的白天。早晨三、四点钟天就亮了，但到晚上十时却依旧是漫天的霞光。红霞日落，给大自然涂抹上一丝别样的生动的色泽，动人至极。在其他时间，水天同色，更是壮美异常。

绿树碧水银沙，以及优良的环境中。加上洁白的海鸥成群，棕黄色的浣熊憨态十足地结队行走。在休伦湖的这些自然界的小家伙绝对以主人自居，大大方方从游人的手里抢食物。从景区的生物展室知道，岸上的野兔、狐狸，以及水里的各种湖鱼，多达数十种，构成良好的生物链良性循环。休伦湖沿湖是与密集公路网相连的大量独立屋和开放旅游区，夏天露营、游泳、钓鱼，冬天滑雪。即使在人流量最多的旅游旺季，湖边依然是整洁干净，生活在这里的野生动物自得其乐，人与自然真正的和睦相处。

▶ 知 识 窗

为圣罗伦斯通海水道的一段，水上运输比较繁忙。多深水港，主要港口有美国的罗克波特，冬季沿湖岸封冻，每年的航运季节限于4月初至11月末。罗杰兹城、希博伊根、阿尔皮纳、贝城、哈伯比奇和加拿大科灵伍德、米德兰、蒂芬、波特麦尼科、迪波特港。

| 拓展思考 |

1. 你了解休伦湖的港口吗？
2. 哪些动植物是休伦湖所特有的？

地球上的湖泊湿地

苏黎世湖

Su Li Shi Hu

苏黎世湖是瑞士著名冰蚀湖。在瑞士高原东北部，从苏黎世市向东南延伸。湖面海拔406米。湖区呈新月形，由东南向西北延伸29千米，宽1～4千米，面积88平方千米。西北部较深，最深处143米。东南部较浅。部分湖段可以通航，有渔业，湖岸缓坡上布满生机勃勃的葡萄园和果园。

湖岸比较平缓，在湖岸上到处种满了葡萄园和果园，由此向南远眺便可以看到阿尔卑斯山。

在苏黎世湖边，湖面倒映着夕阳火红的色彩，一片通红，点点波光就像一片一片的散落在湖面上的多多火红的花瓣。湖畔更是有天鹅在漫步徜徉，洁白的羽毛在一片红色的映衬下，与远处的被晚霞映衬着的雪山相映成趣，就像是一幅生机盎然的油彩画，美丽至极。苏黎世湖是受向西北流动的林特冰川和莱茵冰川的作用而形成的一个冰蚀湖。另一条冰碛把苏黎世湖可通航的南部与水浅的北部分开。这条冰碛以前是朝圣者通往乌弗瑙岛上艾因西德伦修道院的通道，现在通火车和汽车，长929米的石堤建于1878年。

※ 苏黎世湖

※ 美丽的苏黎世湖

在石堤的中段有一座精致小巧的平转桥可以让小船通行。苏黎世市是湖边的唯一大城。

苏黎世湖边的苏黎世是瑞士第一大城市，同时也是重要工业城市。但湖水清澈见底，由于环境好，环保措施也很到位。许多市民骄傲地说，苏黎世湖水可以直接饮用。然而事实上，大约在40年前，苏黎世湖曾因工业的发展是湖水受到了严重的污染，最终成为污染重灾区，也不能游泳，造成水质也很差。随着生活环境的急剧恶化，成为苏黎世人的切肤之痛。为此，他们下定决心，要建立发达的城市污水处理系统，同时使用上千个地下摄像机监测下水道情况，实时了解那些地下管道是否畅通，并收集全市的所有工业和生活污水。这些污水经过机械、生物、化学、渗透等处理过程，完成全部净化程序后，才能重新流入连通苏黎世湖的利马特河，在苏黎世市，流入苏黎世湖的每滴水都必须经过严格的检查和处理才能进入苏黎世湖。如今，从苏黎世湖湖畔看过去，湖水干净透彻，游鱼成群，白天鹅、黑头鸭、鸳鸯畅游其中。

▶ 知 识 窗

举世闻名的莱茵瀑布——是全欧洲最大的瀑布。发源于瑞士的莱茵河在，更是创造了震撼人心的壮丽景观。自古至今这里就是著名的风景名胜地。莱茵瀑布宽150米，虽然落差只有23米，但每秒流量达700立方米，游人都会被磅礴的气势而深深折服的。在水量较多的5～6月份融雪期，更是气势恢宏。

| 拓展思考 |

1. 你了解莱茵瀑布吗？
2. 苏黎世湖的主要洁净来源是什么？

地球上的湖泊湿地

第三章

国内的魅力湿地

GUONE IDEMEILISHIDI

卧龙湖湿地

Wo Long Hu Shi Di

沈阳卧龙湖位于沈阳市康平县，中心地理坐标东经 122°51′43″、北纬 41°43′25″，所属三级流域为柳河口以上。据地质部门测算，在中生代晚期白垩纪湖面就已经形成，距今已有 300 万年历史。湿地面积 1.11 万公顷，其中湿地资源面积 64 平方千米，占重要湿地面积的 58.13%；非湿地面积 46 平方千米，占 41.87%，湿地斑块数量 8 个。包括 3 个湿地类、4 个湿地型，其中湖泊湿地面积 15 平方千米，均是永久性淡水湖，也是我国东北地区大型淡水湖泊之一。沼泽湿地 49 平方千米，其中草本沼泽 37 平方千米、沼泽化草甸 12 平方千米；河流湿地 0.3 平方千米，为永久性河流。

◎关于卧龙湖的传说

相传，在很久以前的康平，是一个山水相依，森林茂密，奇花不谢的世外桃源。林中更是有寿鹿仙狐，树上有彩凤双鸣。这一年，天下大旱，满世界都仿佛被火烧过了一样冒着热气，连百丈深的清泉也是连一滴水都没有，鸟兽因为口渴而不断哀鸣。看到此情形，王母娘娘心中十分难过，决定帮助他

※ 卧龙湖湿地

们，于是将头上佩带的一颗聚水珍珠抛向大地用来解干旱之灾。当时只见一道闪电，一声巨雷，聚水珍珠便落到了康平中部，紧接着天空中聚起了滚滚乌云，倾盆大雨从天而降，地下泉水喷涌而出。刹那间日出云散，聚水成湖，生命得到滋润，湖中烟霞熏蒸，珠光闪现，一片生机勃勃的景象

当时，贪婪的沙龙看到聚水宝珠从天而降，就想要得到聚水宝珠，于是卷着滚滚黄沙从西扑来，一头扎进湖水里一通翻搅，想要找到聚水珍

珠，直搅得湖中浪花冲天，涛声滚滚。得知此消息之后，玉帝非常的生气，立即派青龙下界护宝。青龙非常的机智勇猛，沙龙被打得遍体鳞伤，落荒而逃，在慌乱之中沙龙被青龙一爪拦腰折断，落在离湖岸15千米的地方。经年累月，风吹日晒，沙龙便变成了现在的金沙滩，据说那连绵起伏的沙丘，就是当年沙龙身上的鳞片风化而成。至今当地群众还有三伏天踩龙鳞，治关节炎的习俗。

再说沙龙死后，它的8个儿子想报仇，又因受到青龙的威胁，便在白天变成8只老虎藏在山林中，夜里悄悄地潜在水中寻找聚水珍珠。于是青龙再次下界护宝，最终将8只老虎全部打死在密林中。这个地方就是现在的八虎山。

有了这两次战斗的经历，青龙总是担心有人再来夺取宝珠，便决心永远留在这里守护聚水珍珠。得知这件事后，王母娘娘非常高兴，便指派身边聪明、美丽大方的荷花仙子下凡陪伴青龙。青龙和荷花仙子日日夜夜守护着聚水珍珠，不知过了多少年，受日月精华，天地灵秀的感染，荷花仙子化作湖中争芳斗艳的荷花，而青龙化作了岸边的龙背山。人们为了纪念青龙的献身精神，就把这个湖叫卧龙湖。湖中的小山就是传闻中的珍珠山，据说聚水珍珠还在山下埋藏着呢。

卧龙湖水有安神明目，治病疗毒的作用。其神奇的疗效在史料中也多有记载。人们纷纷推测是当年王母娘娘投入湖中的聚水珍珠功力所致。其实，真正的原因是卧龙湖地下富含微量元素锶，对人体的健康是极有益处的。天长日久，更是疗效突出。岸边有一泉，名锶泉。当地人用泉水制酒，名曰：锶泉酒，清冽甘醇，余味无穷，是人们最喜爱的佳酿。

◎风光和自然资源

康平县境内的卧龙湖风景区泱泱10万亩水面，水天连成一片，环湖青山相对，绿野相连，处处透出奇特的塞外平湖风光。卧龙湖景色迷人，景点繁多。夏日游湖，碧水沧天，清风扑面；春秋两季，大雁野鸭云集，起起伏伏，十分美丽，景观动人；寒冬季节，瑞雪飘飘，群山银装素裹，万亩湖面坚冰如镜，十分适合滑冰。湖东岸珍珠山、天龙山临湖屹立。

游船码头依山傍水，透出一种典雅的气质。泊船港面积1万平方米，龙舟造型逼真，栩栩如生，快艇轻捷，迅疾如风，铁、木机船沉稳庄重，自在飘摇。游泳池、荷花池、垂钓池各200亩，既可游玩，又可观赏，在怡然自得之余享受别样的美景。卧龙湖风景如画，不同的季节里都有不同美丽的景光。春有碧水边天，涛涛蒲草在霞光中摇荡；夏有蝉鸣鸟叫，万类江天，红荷千顷，白帆点点；秋有渔歌阵阵，蟹肥鱼美，蒲絮芦花，漫天飞舞；冬有寒冰映日，银装素裹，妖娆美丽。与万顷金沙滩遥相呼应，是北方少有的自然处女地。

素来享有"沈阳北海"美誉的卧龙湖，是辽宁最大、东北居二的极具湿地生态特点、完整生态系统天然湿地。卧龙湖生存着国家一、二级鹤、鹳等珍稀野生鸟类，是沈阳市水生生物的主要繁殖地，同时也是生物多样性保持最多的地方。卧龙湖是辽河水系鸟类迁徙必经之地、必停之站。以往，每年都有大量的迁徙鸟类在此间停留补食，场面非常壮观，夏候鸟也都在此繁衍。

※ 鸟类的天堂

据 1998 年调查结果表明，在当时卧龙湖生物种群达 550 余种，其中有白鹳、黑鹳、白头鹤、丹顶鹤、白鹤 5 种国家一级保护野生动物；国家二级保护野生动物 19 种鸟类；共有 140 余种水鸟；在全世界存有的 15 种鹤中，有 6 种都在卧龙湖迁徙。

卧龙湖是沈阳市乃至辽北地区最大、极具湿地生态特点的典型天然湿地。作为辽西北半干旱地区向中部草原湿润区过渡的生态敏感带，被称为是沈阳的城市之"肾"毫不夸张。

▶ 知识窗

曾经拥有"亚洲最大湿地"的辽宁省，却不能给人一个令人满意的环保答卷。在仅仅几十年间，全省湿地便急剧减少。据统计，上世纪 50 年代全省还拥有天然湿地 13500 平方千米，一转眼 40 年之后，这个数字竟然锐减了三成多。另外一组根据卫星遥感调查得出的数字，更加令人触目惊心，2000 年全省沼泽湿地面积较之 4 年前减少 26.2%，大概也就是在这一时期，卧龙湖消失了。

拓展思考

怎样保护卧龙湖？

地球上的湖泊湿地

白洋淀湿地

Bai Yang Dian Shi Di

白洋淀是省级湿地自然保护区，位于河北省中部，在我国北方是最具典型和代表性的湖泊和草本沼泽湿地，总面积 366 平方千米（大沽高程 10.05 米），85.6％在安新县境内。白洋淀由 143 个淀泊、3700 多条沟壕组成，水域面积占 50％左右，主要景观为水、沼泽、芦苇、荷花，享有"华北之肾"的美誉。源于它特殊的地理位置，白洋淀湿地在涵养水源、缓洪滞沥、调节区域气候、维持物种多样性等方面都有重大作用。

◎气候地貌

白洋淀属东部季风区暖温带半干旱地区（干燥度1.40），大陆性气候特点显著（大陆度 64.3）。在四季气候是毫不相同，分明有序。春季干燥多风，夏季炎热多雨，秋季天高气爽，冬季寒冷但是雪较少。

白洋淀的地形地貌是由海而湖，由湖而陆的反复演变而逐渐形成的，现在的水区是古白洋淀仅存的一部分，

※ 白洋淀湿地公园

白洋淀位于太行山东麓永定河冲积扇与潴沱河冲积扇相夹持的低洼地区，是华北平原常年积水的较大湖泊。

上承大清河南支的潴龙、孝义、唐、府、漕、瀑、萍等大小河流的洪水和沥水，自西向东，由南向北构成扇形河网，河水汇流一处，形成天然洼地。淀内主要由白洋淀、马棚淀、烧车淀、藻苲淀等大小不等的 143 个淀泊和 3700 多条壕沟组成。这样的布局构成了淀中有淀，沟壕相连，园田和水面相间分布特殊地貌。

◎丰富物种

　　白洋淀有 143 个淀泊，被 3700 多条沟壑连接，淀淀相通，沟壑相连，错综复杂，宛如迷宫。淀区风景如画，物产丰富，四季分明，不同季节都有不同的风景。春季，水域清澈，烟波渺渺，郁郁葱葱的芦苇，呈现一片生机勃勃的景象；夏季，莲菱蒲苇随风摇曳，满淀荷花盛开，湖内白帆点点，在酷暑的季节带来丝丝的凉意；秋季，白洋淀天高气爽，气候宜人，鱼跳水面、蟹肥味香、鱼船队队、捕捞繁忙，一片安居乐业的景象；冬季，白雪皑皑，冰封大淀，一派北国风光，各种冰床穿梭往来，如同燕子在空中飞翔，是一个巨大的天然滑冰场，可任自由驰骋，场面蔚为壮观。白洋淀还是候鸟迁徙内陆通道途中的食物与能量补充重要栖息地。其中区内有鸟类 197 种，其中国家一级保护鸟类 4 种（大鸨、白鹤、丹顶鹤、东方白鹳），国家二级保护鸟类 26 种（灰鹤、大天鹅、鹰科、隼科等），具有重要科研、经济和社会价值的就有 158 种，有重要科研、经济和社会价值的 52 种，有野生两栖爬行动物 3 种，哺乳类 14 种，鱼类 54 种。白洋淀还是我国重要的淡水水产品基地之一，鱼、虾、蟹、鸭蛋类销往长江以

※ 美丽的白洋淀

南的各省市，不仅拓宽了养殖范围，更是丰富了百姓餐桌。

白洋淀水产资源十分丰富，是有名的淡水渔场，盛产鲑鱼、鲤鱼、青鱼、虾、河蟹等 40 多种鱼虾，加之水生植物遍布，野鸭大雁栖息，这里的人们可以捕捞鱼虾，采挖莲藕，又可猎取各类水禽，一年四季，一片忙碌的景象。故被人称为"日进斗金，四季皆秋"的聚宝盆。

▶ 知 识 窗

　　2002 年 11 月，河北省政府批准建立白洋淀省级湿地自然保护区。保护区按功能分为四个核心区：烧车淀核心区、大麦淀核心区、藻乍淀核心区、小白洋淀核心区，核心区总面积 97.4 平方千米。核心区外围依次为缓冲区和实验区。2004 年，安新县成立白洋淀湿地保护区管理处，负责保护区的保护、管理和科研工作。

| 拓展思考 |

1. 白洋淀的特色是什么？
2. 你知道关于白洋淀的传说吗？

地球上的湖泊湿地

衡水湖湿地

Heng Shui Hu Shi Di

衡水湖位于衡水市区西南方向，北倚衡水市区，南靠冀州市区，是距离城市最近的国家级自然保护区之一。同时，衡水湖不仅是京津冀都市圈重要的生态系统，更是华北地区单体面积最大的淡水湖和世界上最大的人工湖，湿地保护区面积 187.87 平方千米，蓄水面积 75 平方千米。

◎衡水湖湿地的生态资源

得天独厚的衡水湖湿地孕育了较为完整的水域、草甸、沼泽、滩涂等天然生态环境，其生物多样性和完整的内陆淡水湿地生态系统，在华北内陆地区极具典型性和特殊性。在这块宝地上，有各种植物 383 种，各种鸟类 310 种，其中，黑鹳、东方白鹳、丹顶鹤、白鹤、金雕、白肩雕、大鸨等国家一级保护鸟类 7 种，大天鹅、小天鹅、鸳鸯、灰鹤等二级保护鸟类 46 种。资源丰富的湿地，对污染的控制、空气的净化、径流的调节、蓄水的防洪等许多方面的重要作用是不可替代的。同时，衡水湖又是未来南水北调的一个重要蓄水枢纽。

自然保护区属暖温带大陆季风气候区，四季的景色各有不同，年平均气温 13.0℃，年降雨量 518.9 毫米。衡水湖水源十分充足，水量丰沛，丰水季节，碧波渺渺，一望无边，"落霞与孤鹜齐飞，秋水共长天一色"，便可以领略到优美的景色是如何的壮观，更是令人心旷神怡。湖内的湖水十分清澈，水草十分茂密，得于这得天独厚的条件，衡水湖是淡水养殖最理想的场所。目前，湖内共有鱼类 6 目 9 科 26 属 30 种，其中鲫鱼占 93%；浮游植物 7 门 53 属，以蓝藻为多；浮游动物 3 门 4 纲 45 属，其中以轮虫生物量最大，占 48.5%，其次为绕足类，占 32.3%；水生维管束植物 3 门 14 科 22 属 32 种。另有芦苇、蒲草、莲藕分布。水产品年产量 2463.8 吨。

在史料中有很多关于衡水湖的记载。《汉志》中提到："信都县有海水，称信泽。"《真定志》中记载："衡水盐河与冀州城东海子，南北连亘五十余里，旧名冀衡大洼。"清代《吴汝纶日记》中也提到："冀州北境直抵衡水，地势洼下，乃昔日葛荣陵也。"据考证，上面几处提到的"信泽"

※ 衡水湖归家湿地公园

"海子""冀衡大洼""葛荣陂"等，说的都是现在的衡水湖。

◎关于衡水湖的美丽传说

很久很久以前，衡水湖是东海龙王敖广的故乡，后来由于黄河泥沙的淤积，使这里变成了一片低洼地，敖广也搬了家，但他居住过的龙宫还埋在这块地下。当时有兄弟俩人在此耕种，老大跟着父母学会了种田，是种田能手，十分勤快，他的媳妇也是聪明能干；但老二却是好吃懒做，媳妇更是刁泼贪婪。老大靠辛勤劳动，庄稼长得好，小日子超过越红火；老二贪图安逸，田地里更是什么都没有长出来，生活也越来越困苦，过不下去的时候，就靠偷庄稼糊口。有一年夏季，老大种了二亩西瓜，在锄地时刨出了开龙宫大门的金钥匙，便归还了守护龙宫的小龙王。小龙王为报答老大的恩情，便邀请老大、老二到龙宫中取宝。等到了商定的时间，老大、老二随小龙王走到东海子的最低洼处。小龙王手指向下连指了三下，大地就裂开了一条二尺多宽的缝。三人钻入地缝，临近龙宫时，小龙王又双手一分，龙宫的金门立刻大开。里面是一座由金银财宝堆成的小山。老大只拿了几块碎金银，老二却大把大把地将珠宝带在身上。小龙王和老大走出了金大门，老二却由于负重过量，累得口吐鲜血而亡。哥哥痛哭着和小龙王到了地面，大地裂缝随即轰隆一声又合拢了。

衡水湖的历史悠久，源远流长，衡水湖边留下了众多宝贵的古城遗址，石碑、石雕等文物古迹。对于衡水湖湿地生态系统的完整性、稳定性和连续性，得到了很好的保护和尊重，对于维护衡水湖生态平衡，具有很重要的现实意义和深远的历史意义。

▶ 知 识 窗

趣味一字诗 ＊ 咏衡水湖
一湖蒹葭一湖花，一湖鸥鹭一湖鸭。
一叶扁舟一钓翁，一湖碧波一湖霞。

拓展思考

1. 在衡水湖湿地动植物有什么？
2. 我们该如何保护这些动植物？

地球上的湖泊湿地

兴安盟科尔沁湿地

Xing An Meng Ke Er Qin Shi Di

科尔沁湿地珍禽自然保护区，位于兴安盟科尔沁右翼中旗东北部新佳木苏木境内，地理坐标为北纬 44°51′42″~45°17′36″，东经 121°40′13″~122°14′07″。保护区北靠兴安盟突泉县，东与吉林省向海国家级自然保护区相接壤，南以霍林河为边界，西距科尔沁右翼中旗政府所在地巴彦呼舒镇 27 千米；南北长约 46 千米，东西宽约 44 千米，总面积为 1269.87 平方千米。

科尔沁自然保护区是一个以保护科尔沁草原、湿地生态系统及栖息在这里的鹤类、鹳类等珍稀鸟类为对象的综合性国家级自然保护区。科尔沁保护区保留了较为完整地科尔沁草原生态系统的基本结构，形成了湿地珍禽、天然榆树林、科尔沁草原三大代表性景观。

保护区内的湿地面积大，且类型丰富，总面积约 473.44 平方千米。湿地被称为是地球的肾脏，同时也是百鸟聚居的地方。保护区内共有鸟类

※ 兴安盟科尔沁湿地

175 种，其中国家一级保护鸟类 7 种，分别是白鹳、黑鹳、丹顶鹤、白鹤、白头鹤、大鸨、金雕；国家二级保护鸟类 29 种。白鹳、丹顶鹤、白鹤、白枕鹤被列入世界濒危物种，白琵鹭、大鸨被列入世界受严重威胁的物种。鹤类和鹳类在保护区的物种资源中的地位十分重要，全世界现有鹤类 15 种，我国有 9 种，居世界之冠。保护区有鹤类 6 种，其中白头鹤、灰鹤属旅鸟，丹顶鹤、白枕鹤、蓑羽鹤在本地区繁殖，拥有十分大的数量。保护区境内还有种子植物 452 种。

保护区内有 280 平方千米壮观的蒙古黄榆天然林。作为珍稀植物物种的蒙古黄榆，在保护群内更是顽强地抵御着大自然的侵袭，生机勃勃，是保护区内最重要的生态屏障。蒙古黄榆天然林为国家一级保护珍禽东方白鹳的栖息、繁衍提供了天然的隐蔽场所。每年都有白鹳在蒙古黄榆上筑巢繁衍，一代一代的传承。

为保护科尔沁草原上这颗明珠不受到伤害，兴安盟行署于 1985 年批准在这里建立自然保护区。1994 年 5 月，保护区经自治区人民政府批准晋升为自治区级自然保护区。1995 年 11 月 6 日，保护区经国务院批准晋升为国家级自然保护区，并成立科尔沁国家级自然保护区管理局。

为了有效快速地开展保护管理工作，保护区设置了生态系统、物种保护、珍禽繁育三个核心区，核心区总面积达 178.07 平方千米。

知识窗

保护区内有 30 平方千米西伯利亚山杏天然次生林。一望无际，异常壮观。它或疏或密，郁郁葱葱，与此起彼伏的草原、榆树疏林构成了独特的科尔沁草原原始景观。内蒙古地区由于受连年干旱和畜牧业快速发展的影响，作为内蒙古三大草原之一的科尔沁草原已经所剩无几。而唯一可以表现出它原始风貌的，只剩下科尔沁湿地珍禽自然保护区。

拓展思考

1. 你了解多少湿地内的鸟类？
2. 该如何保护这些鸟？

七里海

Qi Li Hai

※ 七里海湿地公园

七里海地处天津东北，宁河县西南部。东距芦台 18 千米，四周被潘庄、表口、造甲、七里海、淮淀等五个乡镇所环抱。七里海地域辽阔，地势较低且多低洼，雨量充沛，水源充足。海拔 1.7～2.4 米，为常年性蓄水洼淀。中间及东西两侧有潮白、蓟运、永定三条大河流过，另有二级河道三条纵横海内。全年降雨量 600～900 毫米，蒸发量 1000 余毫米。

七里海湿地公园对空气质量的改善有非常重大的作用，可以调节区域小气候，享有京津"绿色肺叶"的美誉，七里海湿地更是拥有特殊的生态功能。她以美丽妖娆的风光，装点着津沽大地，为津门营造了一个宁静、美丽的周边环境。国家级的重要湿地，一般都分布在远离大城市或寂静得近似荒凉的地方。可以说，在京津等大城市附近，保留着七里海一片绿洲，是异常珍贵的。

▶ 知 识 窗

　　在大力改善七里海湿地生态环境的同时，有关部门还多方筹措资金，建起 3 个总面积 2 万平方千米的鸟岛，竖立 30 多块大型宣传牌，并组织巡逻队伍进行巡视检查。所做的这些措施，都为鸟类的栖息、繁衍提供了十分有利条件，使得七里海成为名副其实的鸟的天堂。其中，有国家一级保护鸟类 11 种，二级保护鸟类 20 多种。过去难得一见的白鹤、丹顶鹤、遗鸥、海鸥鹅等珍稀鸟类如今成为了光顾七里海的常客。

拓展思考

1. 七里海是如何形成的？
2. 七里海的特色是什么？

张家口坝上湿地

Zhang Jia Kou Ba Shang Shi Di

张家口坝上湿地是国家级湿地，对防风固沙，涵养水源起着不可替代的作用，是环京津地区一个重要的生态屏障，同时更是环京津地区的重要水源地之一。

张家口坝上湿地属于温带大陆性草原气候，不论是冬季还是夏季，气候都非常适宜，没有很热抑或是很冷，在不同的季节里有不同迷人的风景，气候适宜。年平均气温 1.4℃，汛期主要反映在 6、7、8 三个月，期间降水量占全年降水量的 53％。炎炎 7 月平均气温 17.9℃。

张家口坝上闪电河湿地属阴山余脉，全县平均海拔 1536 米，这里有蜿蜒一片的崇山峻岭，更有碧水荡漾的天然湖泊，有浩瀚苍茫的原始林海，有如诗如画的自然风光。特殊的地理位置形成了独具特色的自然风光和人文景观。这一湿地，水草肥美，白帆点点，歌声嘹亮，景色秀丽，一片生机勃勃；这一湿地，中生植物、湿生植物和水生植物丰富，有耐寒的

※ 张家口坝上湿地

旱生多年生草本植物组成的野生植物达 200 多种。

　　湿地是位于陆生生态系统和水生生态系统之间的过渡性地带，在土壤浸泡在水中的特定环境下，生长着很多富有湿地特征的植物。很多珍稀水禽的繁殖和迁徙与湿地息息相关，因此，湿地又被称为"鸟类的乐园"。湿地复杂多样的植物群落，为野生动物尤其是一些珍稀或濒危野生动物提供了良好自然地栖息地，是鸟类、两栖类动物的繁殖、栖息、迁徙、越冬的最佳场所。每年的 4 月上旬到 5 月上旬、9 月初到 11 月下旬，成群结队的候鸟途经沽源湿地，并在此逗留小憩。它们从北面西伯利亚和东北地区南迁越冬，从南面的河南、山东一带汇聚到这里渡夏，这里的湿地便成为它们的最天然的中途站。在这里的草地上，它们欢快地觅食；在这片广阔的湖泊中，它们尽情地嬉戏；在这片广阔的蓝天之上，它们尽情地翱翔。这些候鸟既有国家 I 级重点保护的黑鹳、大鸨、中华秋沙鸭、金雕，也有国家 II 级重点保护的大天鹅、小天鹅、鹗、草原雕、长耳鸮。而每年的 5、6、7 月份长鹭、白鹭和鸭类等成为这里的常客。此外，还能一睹斗雁、鸿雁在蓝天翱翔的美丽身姿。湿地因候鸟而充满了生机，候鸟因湿地而繁荣，候鸟与湿地构成了京北移动的风景。在蓝天、白云、绿地、清水的映衬下，京北湿地更是无限风光。

▶ 知 识 窗

　　张家口坝上湿地，分布在坝上张北县、康保县、沽源县、尚义县境内，其中，坝上沽源闪电河湿地在河北坝上高原地区具有较强的典型性和代表性，素来享有"燕赵最美湿地"的美誉。

拓展思考

　　1. 张家口坝上湿地是如何形成的？

　　2. 湿地上有什么矿藏资源？

拉鲁湿地

La Lu Shi Di

拉鲁湿地国家自然保护区总面积 6.2 平方千米，平均海拔 3645 米，是非常典型的青藏高原湿地，属于芦苇泥炭沼泽。

拉鲁湿地湿润的气候和丰美的水草在高原上是非常少见的，正是由于这绝好的气候条件，拉鲁湿地每年都会引来大批赤麻鸭、黄鸭、西藏毛腿沙鸡、斑头雁、棕头鸥、戴胜、百灵和云雀等各种野生鸟类，另有少量国家一类保护动物黑颈鹤在此嬉戏。这处世界海拔最高、面积最大的城市天然湿地，同时也是中国惟一的城市内陆天然湿地。1999 年 5 月，拉鲁湿地被批准为区级自然保护区；2000 年，拉鲁湿地管理站成立；2005 年 8 月，被列为国家级自然保护区。被誉为拉萨的"大氧吧"。

拉鲁湿地国家级自然保护区位于西藏自治区首府拉萨市西北角，地理坐标为东经 90°5′，北纬 29°40′，区域平均海拔 3645 米，自然保护区面积 6.2 平方千米，其中缓冲区面积 3.39 平方千米，实验区面积 2.21 平方千米，核心区占拉萨市建成区面积的 11.5。在全世界，拉鲁湿地都是非常重要的城市湿地，其中北面大约 6.6 千米处为

※ 拉鲁湿地

高山环绕，属冈底斯山系东延部分；东北面与娘热、夺底两条沟谷汇集成的流沙河相接壤；东面与城关区拉鲁乡居民区及巴尔库路相邻；南面紧邻拉萨城区。

该湿地所在的拉萨市是一座具有 1300 多年历史的古城，是西藏自治区政治、经济、文化中心和交通、邮电枢纽，是著名的历史文化名城，对全世界的影响也是极大的。拉鲁湿地自然保护区是世界上海拔最高、面积最大的城市天然湿地，也是黑颈鹤、胡兀鹫等珍稀濒危鸟类的最珍贵栖息

地和越冬地。属冈底斯山支脉东延部分，东、南、西三面与公路和城市水渠接壤。

根据国际《湿地公约》定义拉鲁湿地应属于芦苇泥炭沼泽湿地。拉鲁湿地所在的拉萨河谷属藏南高原温带半干旱季风气候区，受长时间的阳光照射，造成了水分蒸发量极大，直接使空气变得很干燥，又加上降雨量少气压低，雨旱季分明多夜雨。该区年平均气温 7.5℃，年平均降水量444.8 毫米，降水量的 89% 集中在 6～9 月份，年平均蒸发量为 2206 毫米，年日照时数达 3088 小时，年总辐射量为 186 千卡/平方厘米。

拉鲁湿地保护区是目前中国各大城市中唯一幸存的最大的天然湿地。该湿地在调节拉萨气候，起到了吸尘防沙，稳固土地的重要作用，对拉萨市区环境的美化，增加市内空气湿润程度和补充氧气，维护生态平衡，促进拉萨市城市生态系统的良性循环和城市环境质量的改善等方面的作用都是非常重大的。

此外，拉萨属于世界历史文化名城，市区内除有举世闻名的布达拉宫外，还有哲蚌寺、大昭寺、罗布林卡等历史文化古迹。所以，对该湿地的保护不但具有环境意义，更具有非常重要的社会意义。

▶ 知 识 窗

拉鲁湿地自治区级自然保护区位于西藏自治区首府拉萨市西北角，地理坐标东经 90°05′，北纬 29°40′，该区域平均海拔 3645 米，三面为高山，属冈底斯山支脉东延部分；东、南、西三面与公路和城市水渠接壤。拉萨拉鲁湿地自治区级自然保护区是国内最大的城市湿地自然保护区，世界稀有。

拓展思考

1. 什么是芦苇泥炭沼泽湿地？
2. 拉鲁湿地是如何形成的？

庙岛群岛湿地

Miao Dao Qun Dao Shi Di

庙岛群岛湿地是国家级湿地自然保护区。位于山东省长岛县境内，由长岛国家级自然保护区管理局管理。庙岛群岛湿地省级自然保护区成立于 1982 年，1988 年晋升为国家级自然保护区。其中猛禽类为主要的保护对象。庙岛群岛湿地保护区总面积为 50.15 平方千米。

庙岛群岛湿地海岸线长约 146 千米，呈现明显的海蚀地貌景观，景色十分别致，沿岛屿海岸形成 99 处海湾，目前已有 28 处定名。主要由南北长山岛、南北隍城岛、大小黑山岛、大小钦岛和庙岛、高山岛、候矶岛、轴岛等 32 个岛屿组成（包括 10 个常住居民岛）。其中最大的岛是为南长山岛，面积 12.75 平方千米，最小岛为小高山岛，面积 2400 平方米。岛屿主要由长石石英岩、绢云母千枚岩及板岩等构成。地貌多以低山丘陵为主，有 40 多座山头海拔在百米以上，最高点高山岛，海拔 202.8 米；最

※ 庙岛群岛湿地

低点东嘴石岛，海拔 7.2 米。

庙岛群岛湿地，蓝天白云，空气纯净，金色的海滩，迷人的风景令人心生向往。庙岛群岛湿地更是海滨国家级风景名胜区，国家级森林公园。这里山水相依，仿佛置身于画中，各岛有各岛的神奇所在。万鸟岛，是鸟的王国，鸟一齐腾飞之时，将天色遮盖，壮观至极；大、小竹山岛以竹得名，在烟波海上呈现出一派秀丽的江南景色；小黑山岛，岛上繁衍生息着剧毒蝮蛇一万多条，是我国第二大蛇岛；砣矶岛却是石头的世界，无数的彩石林立，无比壮观美丽。

▶知识窗

　　庙岛群岛湿地，被列为中国重要湿地。庙岛群岛湿地保护区属暖温带季风大陆性气候区。年均气温 11.9℃，极端最高气温 36.5℃，极端最低气温 3.3℃。年均降水量 567 毫米，降雨年际变化大，年内分配不均，59% 的降水集中在夏季，年日照时数 2554 小时，无霜期 243 天。春秋季多西南风、西北风，夏季主要盛行东南风，冬季以西北风为主，全年风速大于 17 米/秒的大风天有 68 天。

|拓展思考|

1. 庙岛群岛湿地是如何形成的？
2. 你还知道哪些湿地？

闽江口湿地

Min Jiang Kou Shi Di

福州闽江口湿地西起福州的侯官，终点是长乐的梅花镇。总面积31.29 平方千米，其中核心区 1.4 万亩、缓冲区 1.3 万亩、实验区 2 万亩。专家已发现 6 块面积超过 3000 亩的大片湿地，分别是鳝鱼滩、马杭洲及其毗邻的滩洲（道庆洲、草洲）、蝙蝠洲、浮岐洲、浦下洲、新垱洲等，它们不仅是目前福建全省最大湿地，同时也是候鸟迁徙重要越冬地、水鸟集中分布区、众多珍稀濒危鸟种的栖息地，多项指标达到国际重要湿地标准。

长乐闽江河口湿地是东亚澳大利西亚候鸟迁徙通道上的重要"驿站"。这里环境优美，有着非常丰富的生物种类，更是拥有十分多的珍贵的稀有物种。据调查得知，在闽江河口湿地有脊椎野生动物（不含鱼类）共 25 目 64 科 283 种。其中鸟纲 19 目 53 科 265 种。每年前来越冬的水鸟有 2 万只以上，在此迁徙停歇的水鸟数量超过 5 万只，其中国家重点保护动物就有 54 种。

※ 闽江口湿地

由于闽江水的水量充沛，每年都会有上千万只的越冬候鸟飞来此地在此处栖息，是东亚——澳大利亚鸟类迁飞路线，具有一定的代表性和稀有性，定期栖息的就有2万只以上的水禽，定期栖息有多种（黑脸琵鹭、黑嘴端凤头燕鸥、鸿雁、白腰杓鹬、翘嘴鹬、红颈滨鹬、卷羽鹈鹕等）水禽物种或亚种的种群达到全球数量1%的个体，同时它也是中华鲟的栖息地，其他鱼类的一个重要食物基地、洄游鱼类依赖的产卵场、育幼场和洄游路线。闽江口湿地拥有丰富的野生动植物资源及多样的植被类型，在生物多样性方面同样有着不可替代的地位。

▶知识窗

　　闽江口的湿地生动物种类丰富多样，过去滩涂水草上的有爬行软体生物、各种蟹类、弹涂鱼、跳鱼、藻类、贝类、鸟类。湿地更是鸟类的天堂，白鹭、鸥凫等在这里觅食。这里的软体爬行生动物有半蛋片、海蜈蚣、土笋蚬子、弹涂跳鱼、红足蟹、各种蟹类。现在大多基本上已不见踪影，这当然跟人类的工业化发展而污染也有关系。湿地一旦被破坏，有些生物甚至会失去赖以生存的生长环境空间，会加重地球生物多样化的毁灭。

｜拓展思考｜

　　1. 你知道多少种贝类吗？
　　2. 你知道藻类有多少种吗？

扎龙国家级自然保护区

Zha Long Guo Jia Ji Zi Ran Bao Hu Qu

扎龙属湿地生态保护区是由于乌裕尔河河水漫溢而成的一大片永久性弱碱性淡水沼泽区，由许多小型浅水湖泊和广阔的草甸、草原组成。扎龙属湿地生态保护区位于乌裕尔河下游，西北距黑龙江省齐齐哈尔市 30 千米，面积 2100 平方千米。保护区内主要的保护对象为丹顶鹤等珍禽及湿地生态系统，是中国北方同纬度地区中保留最完整、最原始、最开阔的湿地生态系统。

◎传说故事

很久以前，扎龙属湿地生态保护区还是一片盐碱地，土地更是由于缺乏养分而变得十分贫瘠，使得这里唯一的一个小村子里的人们生活十分困苦。有一天，狂风大作，满天乌云，黄沙弥漫。半个时辰过后，天空才恢复正常，天空变得晴朗起来，酷日如火，伴着阵阵哀鸣，一个庞然怪物挣扎着从天空中坠落下来。人们十分惊慌，纷纷关门闭户。这时村中的徐大

※ 扎龙国家级自然保护区

胆提着木棍赶去察看，发现一条巨龙赫然躺在干涸的地上。得闻此讯后，村里人们纷纷赶来围观，只见巨龙明目如珠，双角高矗，锋利的龙爪深深地抠进干裂的土中，龙身约十丈长，像是粗如几人合抱不拢的老榆树，龙身上布满簸箕大的鳞片。那巨龙双目垂泪，挣扎着曲摆首尾，想要飞向天空而不得，只能仰天长啸。一位银发长者告诉大家："龙是水性天神，能为人间行雨造福，大家赶紧搭棚浇水，救它脱凡归天。"于是，人们凑集了很多木杆和被褥，给巨龙搭了一个巨大的凉棚，还从远处担来清水浇在龙的身上。但是由于天气十分的干燥，巨龙身上鳞片开始脱落。众人心急如焚，纷纷流下了伤心的泪水。

天上的"百鸟仙子"得知此事后，被乡亲们的举动深深感动了，她派丹顶鹤率领白鹤、白头鹤、白枕鹤、灰鹤、蓑羽鹤、大天鹅及众多小鸟飞到人间。它们在空中盘旋，为巨龙遮日蔽荫，呼风唤雨。果然不出数天，满天乌云，电闪雷鸣，果然下起了大雨、洪水猛涨。巨龙得水后，一跃腾入高空，随后俯首下望，曲身拱爪向救它性命的人们点首三拜以示谢意。人们欢呼跳跃着为巨龙送行。

巨龙飞走之后，村民们发现出现了奇迹。人们发现在巨龙飞起的地方，竟成了一个一眼望不到边的大泡子，泡中有丰富的鱼虾，荷花、菱角花芳艳诱人，周围被龙尾扫过的地方还长出了茂密的芦苇。自此之后，这里成为风调雨顺、地产丰富的宝地，丹顶鹤便决定定居了。人们为了纪念与神龙、天鸟的缘分，就把这里称为"扎龙"和"鹤乡"。

▶ 知 识 窗

　　扎龙保护区位于松嫩平原西部，松嫩平原是晚中生代以来发展形成的凹陷盆地。本区地貌类型主要为平原区河湖相冲击地貌类型，河流的河谷、河道是极不明显的，水流缓慢，兼有风成沙丘及沙地。

◎扎龙地区的资源和气候概况

　　扎龙保护区地处中纬度地带，属于中温带大陆性季风气候。扎龙保护区更是同纬度地区景观最原始、物种最丰富的湿地自然综合体。年平均气温 3.5℃。最冷月 1 月，平均气温 -19.2℃，极端最低气温 -39.5℃。最热月 7 月，平均气温 22.8℃，极端最高气温 39.9℃。年蒸发量 1506.2 毫米，年均相对湿度 62%。

　　保护区内各种植物区系的交错生长，虽然区内的植物数量不多、类型也较为缺乏，但成分却是非常复杂。据调查，区内具有高等植物 468 种，

※ 扎龙保护区的鹤

隶属于 67 科，草本植物占绝大多数。根据扎龙地区植被的建群种、地形地势、自然条件、群落的结构与外貌、土壤种类等生物与非生物因子，可将该区植被分为 4 个类型。

　　保护区内有众多的鸟类，可以说是鸟类的天堂，区内约有鸟类 260 种，隶属 17 目 48 科，其中国家重点保护鸟类有 35 种。扎龙自然保护区以鹤而闻名于世，全世界共有 15 种鹤，此区即占有 6 种，它们是丹顶鹤、白头鹤、白枕鹤、蓑羽鹤、白鹤和灰鹤。丹顶鹤又称仙鹤，是十分珍贵的名禽，此区现有 500 多只，约占全世界丹顶鹤总数的四分之一，所以，称此区是丹顶鹤的故乡也不为过。此区的野生珍禽，除鹤以外，还有大天鹅、小天鹅、大白鹭、草鹭、白鹳等，真可谓野生珍禽的王国。

　　扎龙自然保护区为中国第一个水禽自然保护区，区内鸟类 248 种，主要保护为丹顶鹤等珍禽。

拓展思考

1. 你了解白鹤吗？
2. 该如何保护白鹤？

七星河国家级自然保护区

Qi Xing He Guo Jia Ji Zi Ran Bao Hu Qu

七星河自然保护区位于黑龙江省宝清县境内，地理坐标为东经 132°5′~132°26′，北纬 46°40′~46°52′，总面积 200 平方千米。本区地处三江平原腹地，地貌类型为低河温滩，区内地势较为平坦且多低洼，泡沼星罗棋布，芦苇沼泽和小叶章、苔草沼泽是保护区内的主要的自然植被，保护区更是三江平原地区保存完好的原始湿地之一，尤其是大面积分布的芦苇沼泽为三江平原惟一的大面积芦苇沼泽、具有高度的典型性和代表性。是三江保持最完整、最原始的内陆湿地生态系统之一。

◎七星河国家级自然保护区的基本概况

七星河国家级自然保护区有非常丰富的植物，区内有植物 386 种，占三江平原植物总数 40%，其中有国家一级保护植物野大豆；动物 287 种，国家级保护动物 38 种，占三江平原国家级保护动物总数的 56.09%，保护区面积之大，是国内少有的非常丰富的动植物保护区，这种情况在亚洲也是非常少有。

※ 七星河河湿地

七星河国家级自然保护区有非常好的自然环境，这源于它得天独厚的优良的自然条件，吸引了大批的鸟类在此繁衍生息，世代相传，迄今为止保护区内发现的鸟类就已经有 123 种，其中国家一级保护鸟类 4 种，有丹顶鹤、白鹤、灰鹤、中华秋沙鸭；国家二级保护鸟类 16 种。每当春季来临时，大量的候鸟来到保护区内，动辄结成成千上万只的群体，遮天盖地，上下翻飞，齐家和鸣，引吭高歌，时而在水中嬉戏，相互打闹，蔚为壮观。

全区有国家级国家级保护动物 21 种，占全国国家级保护动物 7.58%，占黑龙江省国家级保护动物 25%，占三江平原国家级保护动

31％，其中国家一级保护动物有丹顶鹤、东方白鹳、白头鹤、白鹤，国家二级保护动物灰鹤、白枕鹤、大天鹅、小天鹅、雪兔等 17 种。

※ 七星河湿地的白鹤

> **知识窗**
>
> 　　七星河自然保护区的建立不仅源于在湿地生物多样性的保护方面的意义非常重大，同时对于当地的气候调节，洪涝灾害控制以及促进区域经济可持续发展等方面也有不可替代的作用。

　　七星河是保护区内主要的地表河流，境内长 56 千米，由于保护区内地势较为低平，河流弯曲，致使流水不畅，大小泡沼星罗棋布，纵横交错，水面面积达 128 平方千米，有十分丰富的水资源，湖水一望无际，十分广阔，湖水水平如镜，碧绿通透，水里有大量的鲤鱼、草鱼、鲢鱼、鲫鱼、虾等。

　　七星河湿地于 1991 年被确定为县级保护区，1996 年晋升为省级保护区，2000 年晋升为国家级自然保护区。在短短的 16 年时间里，七星河国家级湿地自然保护区管理局从无到有，从小到大，走过了一段极其艰难且不平凡的历程。目前保护区内的鱼、鸟、兽种类数量大幅增加，国家一、二级保护鸟类的种群、数量也明显增多，湿地的生物多样性也得到了保护。

> **拓展思考**
>
> 1. 你了解白枕鹤吗？它的生活习性是什么？
> 2. 该如何保护白枕鹤？

崇明岛湿地

Chong Ming Dao Shi Di

地处长江口门户的崇明岛，是中国第三大岛，其面积仅次于台湾岛和海南岛，而居第三位，是我国几个大岛中唯一的由泥沙堆积而成的冲积岛，被誉为"长江门户、东海瀛洲"，亦是世界上最大的河口冲积岛，世界上最大的沙岛。崇明岛成陆已有1300多年历史，现有面积为1041.21平方千米，海拔3.5米～4.5米。全岛地势平坦，土地养分十足，非常肥沃，丛林茂密，物产富饶，是有名的鱼米之乡。

※ 崇明岛湿地

◎崇明岛湿地概况

崇明岛东西各有两个湿地——东滩湿地和西沙湿地，它们的特点和作用各不相同。

崇明东滩湿地位于长江入海口，处于我国候鸟南北迁徙的东线中部，有着极其重要的地理位置。湿地物种的多样性和生态系统的多样性是其生物多样性价值的主要体现。东滩滩涂十分广阔，底栖动物和植被资源都十分丰富，它不仅是候鸟迁徙途中的集散地，同时也是水禽的越冬地。崇明东滩记录的鸟类已达 312 种，迁徙水鸟有上百万只。其中国家一级保护动物 4 种，国家二级保护动物 43 种。属中日候鸟保护协定的 167 种，属中澳候鸟保护协定的有 51 种。列入《中国濒危动物红皮书》的水鸟有 12 种。另外，根据 1996 年春季调查统计到的涉禽数量上分析，已有 8 种超过或到达世界种群 1％；3 种达到或超过停歇地大于 0.25％标准。1999 年崇明东滩正式加入东亚—澳大利亚涉禽迁徙保护网络，2002 年 1 月，湿地国际秘书处正式接纳崇明东滩为国际重要湿地。

崇明岛西沙湿地的总面积为 3 平方千米，是上海目前唯一具有自然潮汐现象和成片滩涂林地的自然湿地。西沙湿地与东滩湿地有很大的不同，它的周而复始的潮汐现象，是西沙湿地赖以生存的重要条件。潮水一涨一落的时间平均为 12 小时 24 分钟。受潮汐作用的影响，促使这里形成了非常丰富的地形地貌，湿地中港汊纵横交错，同时具有湖泊、泥滩、内河、芦苇丛、沼泽等各种同的湿地形态。除此之外，潮汐的涨落还孕育了湿地里多样性的动物，比如迁徙到来的候鸟和随着潮汐而来的沙蟹。西沙湿地通过生态引鸟、植物多样性配置、水处理净化等工程，在原有湿地的基础上，修复建成一个集科普教育、科学研究、休闲观光等为一体的多功能湿地生态示范区。

※ 美丽的崇明岛湿地

◎湿地旅游

崇明岛湿地风景优美，有干净整洁的湖水和轻柔的风，未经过人工加工的独特的天然风光。早在明清两代，岛上就有"金鳌镜影""吉贝连云""玉宇机声"等瀛洲八景。如今。经过长时间的治理，崇明岛风光更加美丽迷人。绿树成荫的 200 多千米环岛大堤，犹如一条蜿蜒在河堤上的绿色巨龙，安静地盘伏在长江口上。当清晨之时，登上大堤东端，欣赏东海日出，其景色之美，毫不逊色于泰岱奇观；傍晚来临时，立于大堤西侧，饱览长河落日，渔舟唱晚，令人神清气爽。岛上更是有众多的历史名胜和人文景观。有面向浩瀚江水的瀛洲公园；景色迷人的城桥镇澹园；还有金鳌山、寿安寺、孔庙、唐一岑墓、明潭、郑成功血战清兵的古战场等遗址；有面积达 3.6 平方千米的华东地区最大的人造森林——东平林场。

▶知识窗

崇明岛被称为都市氧吧，作为上海的土地储备，崇明岛保留着本身的最原始最自然生态风貌，是上海都市白领放松身心、体验自然美静的休闲度假胜地，岛上有很多著名景点：东平国家森林公园，东滩湿地公园，西沙湿地，东滩鸟类国家级自然保护区，南门沿江观光大堤，崇明学宫，金鳌山，瀛洲公园，寿安寺，明珠湖公园，前卫生态村，怡沁园生态度假村等等。

拓展思考

1. 崇明岛上有什么历史名胜？
2. 你知道崇明岛的形成和由来吗？

丽江拉市海湿地

Li Jiang La Shi Hai Shi Di

拉市海湿地位于丽江县城西 10 千米处的拉市坝中部，是云南省第一个以"湿地"命名的自然保护区。"拉市"为古纳西语译名，"拉"是"荒坝"的意思，"市"为新，意为新的荒坝。到上新世末至更新世初，这个准平原又分割成三个相对高差在 100 米至 200 米的高原山间盆地，即拉市坝、丽江坝、七河坝。其中最高的坝子便是拉市坝，坝中至今仍有一片水域，便称之为拉市海，湖面海拔 2437 米。

拉市海湿地是一片神秘奇特的乐土，候鸟由北往南的迁徙中经历了长途跋涉、都市里高楼林立的迷惑和担心被猎枪弹弓偷袭的惊恐后，终于成功的降落这里。除了湿地里有非常丰富的生物资源，这里更是非常安静和安全的，这种得天独厚的优良条件是吸引大量的候鸟再此生活并且世代相传的重要原因和前提。

拉市海的春天是姗姗来迟的。当丽江城内的太阳大放光彩之时，这里

※ 丽江拉市海湿地公园

的冷风还在肆意地吹遍大地。大块小块的湿地把湖面分隔成大大小小的水湾。湖中稀疏站立的柳树上，停着一群鸬鹚；在附近的浅湾里和岸边，游弋着一大群野鸭，或扎猛子寻鱼虾，或交颈相拥着入眠。偶尔有两只双宿双栖的赤麻鸭扑棱棱飞起，带起附近的水禽则懒洋洋扇扇翅膀，憨态可掬。远处水气弥漫，不时可见山林鸟游动飞舞的点点小影，这就是拉市海美丽的初春。早迁的候鸟已北移，晚行的正在休养生息，为踏上万里归途做好充足的准备。

　　拉市海边山美水更美，其中以美泉最为有名。美泉源于卧虎山与北斗山交汇处，从嶙峋怪石中汹涌而来的泉水形成姊妹潭，泉水碧绿通透，清得可见 6 米多深的潭底。这里森林茂密，花草茂盛，环境安静优雅，拉市海将成为"美景——拉市海——美乐度假村——指云寺"的环海观光。

知识窗

　　据调查显示，目前在拉市海湿地共有鸟类 57 种，每年来此越冬的鸟类有 3 万只左右，其中有特有珍稀濒危鸟类 9 种，这其中包括青藏高原特有鸟类斑头雁，国家一级保护鸟类中华秋沙鸭、黑颈鹤、黑鹤等。因而，省政府于 1998 年 6 月正式批准建立云南丽江拉市海高原湿地自然保护区，包括拉市海、文海、吉子水库、文笔水库等 4 个片区，总面积 65.23 平方千米，其主体部分拉市海片区，面积 53.3 平方千米，成为候鸟的栖息乐园。

拓展思考

1. 拉市海湿地是如何形成的？
2. 每年的几月份的拉市海湿地最美？

昌黎黄金海岸湿地

Chang Li Huang Jin Hai An Shi Di

昌黎黄金海岸湿地，位于河北省东北部昌黎沿海，有着非常丰富的自然资源，陆域面积 100 平方千米，海域面积 200 平方千米，是一个具有综合生态系统自然保护区。

昌黎黄金海岸国家级自然保护区的环境区域覆盖河北省辽东湾，其中重点影响区为昌黎县。昌黎县地处京津唐和辽东经济区的交汇处，地理位置十分重要，昌黎县以抚宁、卢龙、滦县、乐亭为邻，四周被平原所环抱和温带较湿润大陆季风气候为基本自然地理特征，自然资源很是丰富，其中以沙质海岸最为有名。滨海旅游等第三产业已成为县域经济的支柱产业。黄金海岸已经发展成为与县城齐肩的滨海开放型旅游城市，沿海地带对县域经济的影响逐渐增大。

※ 昌黎黄金海岸

昌黎黄金海岸保护区处于暖温带半湿润大陆性季风气候区。受地理位置影响，保护区四季分明，春季气候较为干燥并且多风，夏季则是高温多雨，秋季天高气爽，十分宜人，冬季极为寒冷干燥。保护区的气候与内陆相比很不同，比如保护区具有风大、雨少，夏季气温偏低，冬季气温偏高，相对湿度较大，蒸发量也较大，雾气较少，雷暴、冰雹这种天气较少等特点。本区年平均气温 10.2℃。最冷月平均气温出现在 1 月份，为－5.1℃；最热月平均气温出现在 7 月份，为 24.7℃，且北部气温较南部气温高。出现这种情况的主要原因是因为保护区南部离滦河较近，气温在夏季缓慢升高慢，秋季降温速度也比较慢。整个保护区与内陆北京、天津、石家庄气温相比偏低。

　　昌黎黄金海岸自然保护区位于河北省东北部昌黎沿海，北起大蒲河口，南至滦河口，长 30 千米。西界为沙丘林带和泻湖的西缘而组成，东到浅海 10 米等深线附近，面积为 300 平方千米，其中陆域 100 平方千米，海域 200 平方千米。昌黎黄金海岸湿地保护区一个综合生态系统自然保护区，它的主要保护对象是沿岸自然景观及所在陆地海域的生态环境，其中有沙丘、沙堤、泻湖、林带、海水，还有文昌鱼等生物。

　　海岸沙丘是这个保护区自然景观的典型与主体。沙丘带宽 1～2 千米，高一般为 20～30 米，最高点达 45 米。主沙丘沿着高潮线呈北东——南西方向分布，内侧有 40 余列西北——东南走向的弧状支丘与其连接，远远望去就像一支羽毛，顺着沙丘远眺，此起彼伏犹如金黄色的山脉，场面异常美丽壮观，在国内外都是十分罕见的。"黄金海岸"的称呼便是由此而来。海洋专家们认为，昌黎黄金海岸湿地对研究海洋动力学和海陆变迁的具有非常重要的作用，同时也是研究的最佳场所。

　　在这个保护区南部有一个典型的半封闭的泻湖，名为七里海，面积约 8.5 平方千米。泻湖东北端有一长 2 千米、宽 200～400 米的新开口潮汐通道与海相通。过去，海洋生物泅游七里海产卵繁衍，现在由于筑堤、建闸使通道变窄，对海洋生物泅游有很大的限制。沙丘带的东侧是蜿蜒约 30 千米的海滩。金色的一望无际的海滩，沙细，平缓的小坡，加上潮差小，湖水清澈凛冽，都是非常珍贵难得的旅游资源。

　　在沙丘带内侧有几十千米长的林带，其中主要树种有刺槐、小叶杨、柳树等，树高 10 米左右，与此共同生长的还有若干片野生的滨海沙生植物和湿地植物。

　　由于处于鸟类南北和东西迁徙路线的交点，每年都可以看到大批的鸟类成群结队向南迁徙的壮观场面，其中鸟类有鸥类、鸭类、鹬类等 168 种。海洋生物种类也非常丰富，以桡足类为主的浮游动物 53 种，以鲲鱼、黄鲫鱼等为主的海洋鱼类 78 种，文昌鱼、毛蚶等浅海底栖动物 150 余种。文昌鱼是近十年来发现的典型的脊索动物，是无脊椎动物过渡到脊椎动物的过渡类型，非常罕见，它更是研究动物进化和胚胎学、细胞生物学的重要材料，因而被誉为"活化石"。

※ 昌黎黄金海岸的鸟类

1992 年 8 月，国家海洋局与河北省人民政府共同建立了"国家级昌黎黄金海岸自然保护区"。

昌黎黄金海岸国家级自然保护区是 1990 年国务院首批批准的五个国家级海洋类型自然保护区之一。

知识窗

2005 年 10 月 23 日，中国最美的地方排行榜在京发布。此次活动由《中国国家地理》主办，全国 34 家媒体协办的"中国最美的地方"评选活动，历时 8 个月，共评出"专家学会组""媒体大众组"与"网络手机人气组"三类奖项。"媒体组"与"人气组"分别以媒体投票及网友、手机用户投票的方式各产生 12 个获奖地方。而由中国国家地理杂志社浓墨重彩推出的"专家学会组"奖项则别具风格，分成了山、湖泊、森林、草原、沙漠、雅丹地貌、海岛、海岸、瀑布、冰川、峡谷、城区、乡村古镇、旅游洞穴、沼泽湿地等 15 个类型。其中，昌黎黄金海岸当选为中国最美八大海岸之一。

拓展思考

1. 什么时间最适宜去昌黎黄金海岸旅游？
2. 昌黎黄金海岸有什么矿产资源？

世界上的美丽湿地

第四章

巴西潘塔纳尔沼泽地

Ba Xi Pan Ta Na Er Zhao Ze Di

世界上最大的湿地是潘塔纳尔沼泽地。它位于巴西马托格罗索州的南部地区，面积达 25 平方千米。沼泽地内有大量纵横交错的河流、一望无际的湖泊和平原，其中的湿地、草原、亚马逊和大西洋森林都是南美具有代表性的生态系统。

受到安第斯山脉形成之前的大规模地壳运动挤压所产生的压力而形成了潘塔纳尔湿地。地壳运动的挤压造就了内部的三角洲，加上高原上几条河流的汇集，将沉淀物及土壤侵蚀的残余物冲积于潘塔纳尔地区内，经过长时间的自然变化，终于造就了潘塔纳尔湿地。

潘塔纳尔湿地是天然的水质处理设备，对水内的沉积物和净化都有非常好的作用。流水进入湿地后，各种物质随水流缓慢而沉积，成为湿地植

※ 潘塔纳尔沼泽地

物的养料，其中的有毒物质被迅速分解。但是，假若这个净化系统负荷过重，湿地的物种就会因此而受到影响。

◎气候条件和物种资源

这个生态系统拥有已知的 3，500 种植物、超过 650 种雀鸟、超过 400 种鱼类。潘塔纳尔湿地同时也是蓝紫金刚鹦鹉的世代栖息的家园。潘塔纳尔被誉为是全球动植物最密集的生态系统之一。虽然看上去潘塔纳尔湿地与邻近的亚马逊雨林的差异相当大，但就实质而言，两者都是充满生机的热带区。

※ 潘塔纳尔沼泽地的美景

潘塔纳尔年平均降雨量约为 1，000～1，400 毫米，湿地的平均温度为 25℃，温度从 0℃ 至 40℃ 之间波动。12 月至 5 月为潘塔纳尔的雨季，湿地的水位线会上升约 3 米。正如尼罗河每年的泛滥从而造就肥沃的土地一样，随着潘塔纳尔水位的上升滋养了当地的生产者，同时更为当地物种的生长提供了很好的作用。

根据卫星图像资料显示，潘塔纳尔沼泽地正在以每年 2.3％ 的速度减少。按照这个速率发展下去，在未来的 45 年以后，这块世界上最大的湿地便极有可能从地球上消失。巴西政府针对这一事件的严重性，为此特别成立了潘塔纳尔生物保护圈管理委员会，负责制定和实施保护潘塔纳尔湿地行动计划，以此来保护湿地的未来。

▶ 知 识 窗

潘塔纳尔长 600 千米，宽 300 千米，总面积 19.16 万平方千米，从巴西一直延伸到玻利维亚和巴拉圭。据说，牛群从潘塔纳尔最偏远的牧场到最近的可以行驶卡车的土路边，需要走一个月的时间。

拓展思考

1. 保护潘塔纳尔的具体措施是什么？
2. 潘塔纳尔湿地的气候是什么样的？

南非圣卢西亚湿地

Nan Fei Sheng Lu Xi Ya Shi Di

南非圣卢西亚湿地公园位于夸祖卢－纳塔尔东北海岸，总面积为2600平方千米，因其汇聚了5个独立而又相互连接的生态系统被世界所知。大圣卢西亚地区是世界上生态最敏感的地区之一，更是南非最美丽的地方之一。在这里有南非目前仅存的一片沼泽林，3个大型湖泊生态系统，4处国际重要的湿地，8处大型的猎奇自然保护区和100多种珊瑚。温暖的水域、珊瑚礁、海沟和沙滩是这片海洋生态系统的显著特征。

※ 圣卢西亚湿地

伊西曼格利索湿地公园，又译作艾赛门加利索湿地公园，旧称大圣卢西亚湿地公园，位于南非夸祖卢纳塔尔东部海岸，距德班约275千米。公园是南非第三大保护区，跨越海岸线约280千米。

◎湿地公园的生物种类

圣卢西亚湿地公园有着非常丰富的植物，种类非常多，总计有152个科，734 个属，南非 31％ 的植物生长在这里，有一部分是别的地方没有的，是该公园所特有的物种。根据圣卢西亚湿地公园地形、湿度和土壤条件的不同，不同的植被有不同的植被群落类型——森林、灌木丛、林地、草地和湿地——交错分布，向人们展示着大自然独特的"镶嵌艺术"。

该湿地以拥有自然界体积最庞大的动物群而闻名，例如座头鲸这样最大的海洋哺乳动物，更有最大的陆地哺乳动物非洲象和犀牛，同时这里还是南非鳄鱼和河马的故乡，也是南非最大的棱皮龟和野人头龟的世代繁衍的栖息地，世界上黑犀牛分布密度最高的地方。在这里现有 50 种两栖动物，108 种爬行动物，其中有 5 种两栖动物属该地区特产，6 种爬行动物属世界濒危物种。这里更像是一个色彩鲜艳的鸟类乐园，共有 521 种鸟在这里栖息，其中火烈鸟的数量就达到了 50，000 只。公园里的陆地和水生哺乳动物总计有 129 种，其中包括 95 只黑犀和 150 只白犀。

至今，圣卢西亚湿地公园的昆虫种类到现在还没有弄清楚。但仅就目前掌握的资料来看，这绝对是一个五彩缤纷的大千世界。196 种蝴蝶、52 种蜻蜓、139 种金龟子科甲虫、41 种陆生蜗牛……其种类的丰富令人惊叹不已。生活在海中及河口的无脊椎动物是公园里最重要的水生动物族。据记录，这里共有 43 种硬珊瑚虫，10 种软珊瑚虫，珊瑚礁也因其特有的保护和科学价值让人情有独钟。圣卢西亚湿地公园还发现有 14 种海绵动物、4 种被囊动物和 812 种水生软体动物，西印度洋特有的暗礁鱼类中，85％ 栖息在这片水域。该公园有 6 种淡水动物是世界范围内的濒危物种，16 种是国家级濒危动物，世界上最大的鲨鱼——赞比西河真鲨也在这里栖息。

▶ 知 识 窗

南非政府和联合国教科文组织对湿地的保护工作非常重视，南非政府 1895 年就宣布成立圣卢西亚自然保护区，建立湿地保护管理局，1939 年，管理局宣布公园扩大至距湖区 1 千米湿地的周边地区，1971 年，圣卢西亚湖和龟滩以及 Maputaland 海岸的珊瑚礁被列在国际重点湿地保护大会的名单上。

拓展思考

1. 你了解赞比西河真鲨的习性吗？
2. 我们能为湿地的保护和发展做些什么？

美国大柏树湿地

Mei Guo Da Bai Shu Shi Di

美国大柏树湿地保护区是著名的佛州鳄鱼及其他一些珍贵野生动物的栖息地，在保护区内混杂着松木、硬木、草原景观、红树林及柏树丛。位于美国佛罗里达州的西南部，占地达 9713 平方千米。它的面积相当于整个罗德岛州，湿地的自然景观异常别致美丽。在美国是独一无二的，在全世界也是享有盛名的。

◎大柏树湿地的建立历史

大柏树湿地保护区 1974 年成为联邦政府的保护区，在美国的自然保护区中是较晚的，因此，在建立保护区之前，它已经被严重地破坏，其中最严重的是上世纪三四十年代的森林采伐，致使大的柏树所剩无几。20世纪 50 年代禁止采伐后，湿地才得以基本完整地保留下来。然而，60 年代又有人计划开发湿地，在里面建设城镇和工业设施，保护区再次受到破

※ 美国大柏树湿地

坏。到了70年代，伴随着人们环保意识的逐渐增强，人们才慢慢了解到这块湿地对佛州的巨大作用与价值。它不仅有许多非常珍贵稀有的动植物，而且每年雨季的大水和湿润的沼泽地对周围的气候变化和生态平衡起着至关重要的作用。唐纳胡说，湿地最宝贵的资源其实不是动植物，而是水。我们的主要任务就是保护湿地的动植物和水资源，并使湿地保持生态平衡。而保持生态平衡是其中最为重要的。

◎大柏树湿地中的生物资源

大柏树湿地保护区位于温带与热带物种交汇之处，地理位置优越，这得天独厚的地理位置以及生物的多样性正是湿地缓慢增长的原因。湿地内长满了柏树和亚热带丛林植物，在其间生活的是著名的佛州鳄鱼，还有珍贵的佛州豹、黑熊、野猪和鹿等动物。

由于之前所受到的破坏，再加上缺乏良好的保护规划措施，大柏树湿地的水量水质在逐渐下降，水文周期甚至都因为人类的活动而发生改变。这对于周边生态环境的影响是巨大的，因此，一个全面、科学的湿地综合恢复计划便尤为重要。其中最主要的任务就是保护湿地的动植物和水资源，并使湿地保持生态平衡，而保持生态平衡是最重要的。

▶ 知 识 窗

　　美国大柏树湿地非常平坦，每英里的坡度只有两英寸，它的水流非常慢，一天流不过半英里，缓缓地漫过地面，淌向墨西哥湾。在这样的条件下，湿地内长满了柏树和亚热带丛林植物，它不仅有许多珍贵稀有的动植物，而且每年雨季的大水和湿润的沼泽地对周围的气候变化和生态平衡起着关键作用。

┃拓展思考┃

1. 如何有效地保持生态平衡？
2. 大柏树湿地是如何形成的？

韩国顺天湾湿地

Han Guo Shun Tian Wan Shi Di

在韩国共有 283 平方千米的 20 处湿地被列为生态保护区域，成为大量从西伯利亚到大洋洲往来迁徙的候鸟中途停留歇息的最佳环境。被列入《国际湿地公约》保护名录的世界五大滨海湿地之一的顺天湾，其生态多样性与众不同，被称为韩国物种最丰富、环境最优美的沿海生态系统。顺天湾是韩国首屈一指的湿地自然保护区。在长达八千年的历史中，没有人类的干涉，完全自然的生长，与人类协调共存。湿地又称沼泽，是陆地和水域的

※ 韩国顺天湾湿地

交界地带，顺天湾接近完整地保存了整片湿地区域，是世界五大湿地之一。

◎芦苇

　　顺天湾以稠密的大片大片的金黄色芦苇丛而著名，顺天湾芦苇丛的总面积约 15 万坪（韩国计量单位，1 坪相当于 3.3 平方米），贯通于两川会合之处 3 千米左右的河道两旁，绝大部分被芦苇丛覆盖。与那些稀疏、分散的芦苇丛所不同的是，这里密密麻麻地遍布一人多高的芦苇，是韩国国内最大规模的芦苇丛。

　　密密麻麻的芦苇丛天然生长成圆形，漂浮在水面上仿佛一片片巨大的金黄色的荷叶，经历数千年岁月的泥潭丝毫没有微生物腐坏的异味，因为芦苇是天然的"净化器"。在深浅不一的水中，生活着无数浮游生物和蟹、贝、螺等底栖生物和鱼类，为在此停留栖息的鸟儿提供了丰盛的食物。每当落日的余晖照耀在广袤的滩涂，滩涂上被染上一层厚厚的金黄，刹那间

天地一色，场面蔚为壮观，让人不由得心生感慨，这的确是大自然赐予人类的最珍贵礼物，对这份美好的保护，是所有人应尽的职责。

▶ 知 识 窗

不可错过的地方——龙山展望台

在当地有一句俗语，叫作不到龙山展望台，别说已看顺天湾。龙山展望台是观看顺天湾美丽的"S"字型水路和圆形芦苇林的最佳场所，在这里还能看到根据盐度变化由绿色变为红色的植物"七面草"。在这里一年四季都是神秘的生态景象，秋季适合观看黄金灿灿的芦苇林，冬季适合观察 200 多种候鸟。从顺天自然生态公园到龙山展望台约需 1 小时的时间，途径芦苇丛林和大山，适合登山。

◎顺天湾——鸟类的天堂

黑仙鹤是候鸟，每年在青藏高原繁殖，冬季飞到这里过冬，每年 4 月份又飞回可可西里。黑仙鹤喜欢在高寒草甸沼泽地或湖泊河流沼泽地中活动，并选择适应的地区进行繁殖育幼。顺天湾优良平安的栖息环境，每年都吸引着黑仙鹤们，据观测，这些年，把顺天湾当做第二故乡的黑仙鹤，已从 60 只增加到 360 只。

顺天湾湿地是韩国滩涂中唯一保存的盐碱湿地，在自然生态方面有非常重要的保存价值及研究价值。顺天湾远离污染，滩涂和盐碱湿地发达，盐碱地植物种类更是繁多，分布广阔的芦苇群和七面草是黑仙鹤、黑顶海鸥、白鹤、黑脸琵鹭、黄嘴白鹭等世界珍稀鸟类的越冬地和理想栖息地，是世界上湿地当中珍稀鸟类种类最多的地方。除了这些珍稀鸟类，还有鹬鸟、青铜鸭、大雁等 140 种鸟类在这里繁殖越冬。

如今，被称为"生命的漩涡"的顺天湾，正大力发展绿色生态旅游，让公众在欣赏自然美景的同时，能对湿地的认知和理解有新的认识。顺天湾世界湿地中心于 2011 年落成，而借 2013 年在顺天市举办世界园艺博览会的契机，顺天湾将进一步推进保护珍稀鸟类和芦苇群的措施，在未来，努力将其打造成韩国的"生态之都"。

| 拓展思考 |

1. 你了解黑仙鹤吗？

2. 你知道关于顺天湾的传说吗？

大沼泽国家公园

Da Zhao Ze Guo Jia Gong Yuan

大沼泽地国家公园建于 1974 年，现在已经覆盖 5666 平方千米。它位于佛罗里达州南部尖角位置，0.15 米深、81 千米宽的淡水河缓缓流过广阔的平原，造就了这种独特的大沼泽地环境。一望无际的沼泽地、壮观的松树林和星罗棋布的红树林为无数野生动物提供了生活的乐土。这里也是美国本土上最大的亚热带野生动物保护地。

人们一想到佛罗里达，立刻就想到了这里的桑迪海岸线和有趣的主题公园。然而，在迈阿密以南大约 1 小时车程的地方坐落着一个美国独一无二纯天然景致。

大沼泽地国家公园是美国最大的一片亚热带原野。在这个广阔的公园里，有很多非常珍贵稀有的甚至已经濒临灭绝的物种。在美国地势较低的 48 个州里，这个公园是第三大国家公园，仅次于死亡谷和黄石公园。每年都会有大批的游客来到大沼泽地国家公园，数量一般都会超过百万。

※ 大沼泽国家公园

大沼泽之大，为美国本土之最，在世界史上也是少有的。它的范围实际包括了佛州南端直到墨西哥湾的广阔区域。长约 160 千米，宽约 80 千米，总面积竟达 5600 平方千米，从某种意义上说，迈阿密恰建在大沼泽的东缘，它应是属于大沼泽范围的一部分。

　　大沼泽的形成与佛州的地形有着密不可分的关联，作为半岛的佛州，愈向南地势愈低，北部之水注入奥基乔比湖，虽然湖的面积很大，但湖水却是极浅，湖水溢出而形成的内陆河，深不过膝，但宽 50 余千米，河水缓缓流经广阔的平原，最终注入墨西哥湾。缓流浅水的大河长满了绿草与各色各样的水生植物。佛州有着很充沛的雨量，每年 6～10 月为雨季的高峰期，有时，一天最大降雨量超过 300 毫米，引起水位上涨，平原的低洼区成为泽国，芦苇、莎草等各种水生植物茁壮生长，竟达 4 米多高。经过千万年的周而复始，不断重复，沉积与再生，又形成了无数浅流和一万多个小岛。稠密的亚热带森林和丛生的柏树，生长于水中高地，又造成了森林、树丛与莎草、芦苇荡纵横交错，互为屏障，一望无际，十分广阔，伸向远方。

　　在大沼泽入海交汇处，美洲红树生长良好，形成一片又一片的大红树林，相互交错生长升的红树根，又成为水流障壁，阻挡了大量泥沙、树草残骸和漂浮物，从而又形成了一个又一个红树林为主的小岛和高地。美国作家道格拉斯曾对此这样描绘："大沼泽地广阔无垠，波光粼粼。碧光闪耀的苍穹，清风有力地吹拂着。浩瀚的水面上布满浓密的莎草，翠绿色和棕色交织成一片，闪烁着异彩，水色灿烂，流水静淌"，由此我们可以感受到它绮丽的风光。

　　在大沼泽地国家公园内拥有美国境内最大的亚热带沼泽湿地，这样壮观的景色每年都会吸引大量的游客来此参观游览，感受大自然的神奇之美。目前，大沼泽国家公园已被国际生物圈保护区、世界遗产名录和国际重要湿地组织收录其中。

　　迈阿密湿地保护区，维持着原始的生态风貌，看不到一丝人为的痕迹。一望无边的水泽天国，水中是绿色的水草，有些高大的水草露出水面，像极了荒滩上的芦苇，形成稀散的植被景观。极目远眺，远近没有人，只听见鸟鸣和风声，在草丛深处也可以见到懒洋洋的鳄鱼在晒太阳……一片生机勃勃的景象。

　　广阔而神秘的大沼泽地吸引着人们，但又因为惧怕它的危险，人们均不敢贸然进入，由于没有人类的打扰，这里成了鸟类和各种动物的自由生活的乐土，包括海牛在内的各种水生动物应有尽有。各种鸟类达 350 余种，最大的美洲鳄达 5 米多长，美洲黑豹等珍贵动物在这里仍然存在。据

地球上的湖泊湿地

※ 大沼泽公园的美洲蛇鸟

说，多种多样的飞禽走兽和奇异美丽的花花草草在这里随处可见，其种类繁多，在地球上是独一无二的。

▶知识窗

　　1993 年 12 月，大沼泽地国家公园被列入濒危的世界遗产名录中，以便提醒人们对湿地环境所遭遇的种种威胁予以更加密切的关注和保护，使这一脆弱的生态系统得以完整的保存。2007 年 6 月 26 日第 31 届世界遗产大会中的两天，针对世界遗产的保护问题进行了讨论，特别对入列"濒危"世界遗产名单的遗产进行了审议并宣布：鉴于保护工作卓有成效，将美国大沼泽地国家公园从"濒危"世界遗产名单上去除。

拓展思考

1. 你知道死亡谷吗？
2. 是什么原因引起很多湿地遭到破坏？

卡玛格湿地

Ka Ma Ge Shi Di

卡玛格湿地是一个国家级的自然保护区，位于法国南部小城 Arles 南部，面积达到 850 平方千米的湿地公园，拥有卡玛格地区大部分的湿地，在卡玛格 960 平方千米的土地上有数百种野生动物在这里生长繁殖世代相传，湿地上还生长着上千种的草本植物，给这片土地带来了无限的生机。

近 500 个物种终年不断地从各地迁徙而来，罗纳河三角洲荒凉的广袤因此而充满生机，宛如世外桃源般的美丽。在这里有全世界最多的火烈鸟，以观看火烈鸟、白马、公牛最为有名。

在广阔的路上，车很少，路过的敞篷吉普车上大都带

※ 美丽的卡玛格湿地

有醒目的卡玛格旅游标志，据说乘坐吉普车或骑着白马是行游卡玛格的最佳选择。车到湿地公园附近的时候，周围的景致就会有变化。热烈的普罗旺斯在身后渐渐消失，凄美优雅的卡玛格湿地缓缓在面前出现。国家公路的两旁可以看到大片的沼泽和"鹅塘"（法语中"大湖"的发音近似"鹅塘"），清晨的薄雾弥散在空气中，偶尔，会有不含一丝杂色的卡玛格白马奔驰着从身边经过，头戴皮帽的牛仔在马上英姿飒爽，充满着年轻野性的西部风情。

公园开阔的湿地并不是一望到底的，而是在丛丛密密的芦苇中婉转着。很多时候都会以为已经走到了路的尽头，却在一个柔和的转弯后，又出现了一片绿色的宁静的大地。倚在湖畔，感受自然的美丽，整个身心都变得安宁起来：只看见早晨的阳光温柔地投射在水面，感到耳边有微微的风轻轻地呢喃，充满了惬意与宁静。

芦苇生长的沼泽地里，成群的火烈鸟体态优雅地涉水而过。有时，这些火烈鸟会一字排开，腾空飞向天空。在起飞的那一瞬间，它们纤细的长

※ 卡玛格湿地上的植物

腿优美而缓慢地蹬踏水面，巨大的翅膀有力地铺展开来，细长的脖颈伸展成一道美丽弧线，姿态异常迷人。

　　一般情况下，火烈鸟的寿命很长，可以达到30多岁，圈养起来的火烈鸟还能活得更久一些。雌火烈鸟会在每年的4～5月产下唯一的一枚卵，然后父母一起用差不多一个月的时间孵化出幼鸟。有的火烈鸟终身停留在罗纳河三角洲，但是更多的火烈鸟会在9月离开这里，飞往温暖的非洲度过整个冬天。次年的2月，它们就会再次回到美丽的卡玛格湿地愉快地生活。粉红色的火烈鸟低低掠过上空，场面蔚为壮观。

▶知识窗

　　卡玛格湿地以"白色的海之马"而闻名，这是一种土生土长在法国南部罗纳河三角洲的马。在这里，曼那德斯马（一种半野生的畜群）在这一片荒野的、被米斯塔尔风（法国南部海岸特有的凛冽盐渍风）肆虐的沼泽地中生活了几千年。

拓展思考

1. 你对卡玛格湿地的动植物了解多少？
2. 卡玛格湿地最有特色的地方是什么？

奥卡万戈三角洲大湿地

Ao Ka Wan Ge San Jiao Zhou Da Shi Di

奥卡万戈三角洲大湿地，亦称"奥卡万戈沼泽"，位于博茨瓦纳北部，面积约 15000 平方千米，是世界上最大的内陆三角洲，由奥卡万戈河注入卡拉哈里沙漠而逐渐形成，由于气候干燥，大部分水都会通过蒸发和蒸腾作用而流失。每年大约有 11 立方千米的水灌溉 15，000 平方千米的土地，多余的水会流入恩加米湖。该地区曾经是马卡迪卡迪湖的一部分，该湖泊在全新世早期几乎全部干涸。

奥卡万戈三角洲地处博茨瓦纳北部，是一块草木茂盛的热带沼泽地，四周被卡拉哈里沙漠草原所环绕，也是非洲面积最大、景色最为迷人的绿洲。

奥卡万戈河被人们描述为"永远找不到海洋的河"，这一说法非常贴切，它位于卡拉哈里沙漠北部边缘地区的一块独一无二的绿洲上。来自安哥拉高地的雨水汇集在这里形成汹涌的洪流，由奥卡万戈河流经喀哈拉里沙漠后，携带着横越纳米比亚，最终倾入三角洲。它们向四周流散开去，在两万多平方千米的土地上形成难以计数的水道和泻湖。

※ 奥卡万戈三角洲

起源于安哥拉高原的奥卡万戈河，上游称库邦戈河，每当一二月的丰水期来临时，洪水就在博茨瓦纳境内到处泛滥，最终形成沼泽三角洲，所以，奥卡万戈河被誉为是博茨瓦纳的生命之河。在博茨瓦纳，雨水和金钱都是同一个字—Pula（普拉），既是货币单位，同时也是"雨水"的意思。

三角洲靠近卡拉哈里沙漠的边缘地带，生长着茂盛的纸莎草和凤凰棕榈，而丰富的水域也为鱼鹰、翠鸟、河马、鳄鱼和虎鱼提供了非常理想的生长环境。奥卡万戈河系每年挟带着超过 200 万吨的泥沙灌入三角洲，而它 3％的河水则涌入另一头的恩加密湖或跨过 482 千米长的卡拉哈里地区，然后注入沙乌湖和玛加加第盆地。三角洲的面积在泄洪高峰期可扩展至 2 万多平方千米，在低潮期则萎缩为不到 9000 平方千米。当洪水过境的时候，三角洲上的野生动物便开始向这一区域的腹地退缩来避免洪水的侵袭，当三角洲的周边地带开始露出水面的时候，野生动物则开始在新近的水地边缘地带集中，这一时期多为 5 月至 10 月。这里是卡拉哈里大型动物的天然避难所和大水潭。在水分十分充足的条件下，这里产生出了许多令人非常意外的生命形态在这块"沙漠"地带出了：在水中悠游的鱼儿、在沙滩上晒太阳的鳄鱼、自由吃草的河马和沼泽羚羊（一种水生羚羊）。

奥卡万戈三角洲为丰富的动植物种类提供了一个非常理想的生长环境的绿洲。在三角洲的常年沼泽地里主要生长着两种植物：纸莎草（一种巨型莎草，自然状态下只产于非洲）和柔韧的凤凰棕榈。纸莎草是一种草本植物，它对水位的变化能很快感应出来并能快速的作出反应，在这一点上它比木本的凤凰棕榈强。在这块沼泽地上布满了浓密的无边无垠的纸莎草和芦苇丛，四处是河马、鳄鱼、沼泽羚羊和水獭，大象和水牛也常常来到这里。鱼类资源也很丰富，还有几百种鸟类，其中包括非洲鱼鹰和孔雀蓝翠鸟。

三角洲向南、东、西三面的延伸超过了 100 千米。这个区域由沼泽和小岛拼缀而成，小岛上草木丛生，生长着洋槐、棕榈和无花果树。这里有很多不同种类的野生动物，如：沼泽内生长着河马、沼泽羚羊和驴羚（另一种水生羚羊），而小岛上则生长着其他品种的羚羊、大象、斑马、狒狒、长颈鹿以及食肉动物，如狮子、美洲豹、

※ 生活在奥卡万戈三角洲的动物

猎豹、土狼和非洲野狗。居住在奥卡万戈水域的鱼类据估计约有 80 种，总数达到 350 万尾。

莫雷米动物保护区占奥卡万戈三角洲的 20％左右，位于奥卡万戈三

角洲中心地带。保护区内的野生动物种类繁多，大象众多，野牛、长颈鹿、狮子、美洲豹、猎豹、野狗、鬣狗、胡狼，还有各种羚羊和赤列羚，皆是遍地可见。鸟的种类也很多，包括各种水鸟。莫雷米有开满百合的沼泽地，绿草茵茵的草原和郁郁苍苍的森林。

每当洪水来临之时，可以看到无数动物纷纷逃离的壮观景象，但另一些动物则前来繁殖和觅食，如400种鸟类、虎鱼、鳄鱼、河马、水龟和蟾蜍等。

当地巴依人世世代代都是狩猎者。他们划着叫作"梅科罗"的独木舟，穿行于三角洲地区。为了避免他们的小船被河马破坏，他们一般都会避免与河马相遇。在三角洲地区河马的作用是极大的，它们将植物踩倒，大量的水草被吃掉，水道才得以通畅。

洪水退却后，就迎来了旱季，往日生机勃勃的绿洲一下子变成了凄凉的泥潭。可怜的河马在泥潭里挣扎；而鳄鱼，为求得一些小溪流来生存，在泥潭里窜出一条条深沟；穿山甲和鼠类，则拿出自己钻地的本领，躲进地下去生活；水牛为了生存则成群结队地远涉他乡去寻找新的水源。

雷电季节到来时，由于气候干燥，电火会点燃树木，野火带来了很大的灾难。许多小动物和昆虫都会葬身火海，野犬则纷纷逃到岛中，躲过一劫。不过，火也会带来许多好处，烧后的草木灰成了很好的有机肥，为新的植物的生长准备了充足的养分。

野火过后，洪水季节又来到了。充沛的水加上草木烧过之后形成的有机肥，又会滋养着许多新的生命。

▶ 知识窗

　　每年水量的分布都有不同，动植物已经学会了跟随水流进行迁徙。比如非洲水牛。不过一些动植物会以卵、种子、孢子、蛹等形式，或者一些动物以睡眠的形式，静静地等待水源的到来，它们甚至能够等上数年、数十年的时间。

| 拓展思考 |

1. 生长在奥卡万戈三角洲的动植物都有什么？
2. 你了解这些动植物吗？

湄公河三角洲

Mei Gong He San Jiao Zhou

地球上的湖泊湿地

湄公河三角洲（九龙江三角洲）又称下高棉，是位于东南亚中南半岛的一个地形区，在湄公河附近和注入海洋的地区9条支流形成河网。湄公河三角洲地区包括越南南部的一大部分和柬埔寨东南部，面积44,000平方千米（39,000平方千米属于越南），是东南亚地区最大的平原和鱼米之乡，同时也是越南最为富足的地方。

※ 湄公河三角洲

　　湄公河三角洲位于越南的最南端，是越南人口最密集的地方。这里河网密布，乘一条小舟，徜徉在优雅的河渠里，生机勃勃的稻田，飘着果香的果园，别样的音乐，品尝热带水果的香甜和南方民间美食，感受特别的民族风情，更可以听到世代相传的充满神奇色彩的民间故事，令人心生向往。

　　湄公河发源于中国青海，在我国境内名为澜沧江。经云南出境后流经缅甸、老挝、泰国和柬埔寨后，在越南南部流入南中国海。湄公河下流及其9条岔道流入南海时所形成的冲积平原，称为湄公河三角洲，湄公河三角洲同时也是越南第一大平原，平均海拔不到2米，多河流、沼泽。

◎地形

　　越南南方有60%～70%的农业人口都集中于此，这里是越南稻米生产的主要产地，也是东南亚著名的产米区之一。湄公河自金边以下分成两支，在越南境内叫前江和后江，这两江把三角洲分成三部分。后江以南部分为金瓯半岛，由于湄公河泥沙的淤积，半岛每年向西南海边延伸60～80米。半岛西侧海滩长满了热带特有的红树林，内地多稻田和热带丛林。

前江和后江之间是一片肥沃的平原，河渠密如蛛网。前江以北部分，西部为同塔梅平原，实际是沼泽区，当雨季到来之时便是汪洋一片，水深 3 米以上，即使是旱季也是水深及膝，主要盛产莲藕和浮稻，东部为同奈平原。

◎气候

湄公河三角洲流域位于亚洲热带季风区的中心，5～9 月底受来自海上的西南季风影响，气候潮湿并且多雨，5～10 月为雨季；11 月～次年 3 月中旬受来自大陆的东北季风影响，气候十分干燥，降雨量也非常少，11 月～次年 4 月为旱季。

在整个雨季会出现很平凡的大强度、短时间、影响范围较小的雷雨；历时较长，在 9 月份会频繁出现范围很大的降雨，这经常能引起严重的洪水泛滥，但其影响大多只局限于三角洲地区和流域西部，偶尔穿越大陆使更大范围遭受长时间大雨袭击。由于不同的季节降雨是不均匀的，流域各地每年都要经历一次强度和时间都不相同的干旱。

◎水文

湄公河三角洲流域的径流来源主要是降雨，受季风的影响，上一水文年至下一水文年的主要水位过程线几乎不变，丰水与枯水间的差距并不是很大。假若规定丰水年流量为多年平均流量的 110％以上，枯水年流量为多年平均流量的 90％以下，那么丰水年、平水年、枯水年和出现频率在万象站约为 25％、50％、25％，在桔井站约为 20％、60％、20％。

※ 湄公河三角洲勤劳的人们

湄公河三角洲多年平均入海水量为 4750 亿立方米。湄公河流域水能理论蕴藏量为 5800 万千瓦，可开发水能估计为 3700 万千瓦，年发电量为 1800 亿千瓦时，其中的 33％在柬埔寨、51％在老挝。目前，已开发的水连 1％都不到。

◎经济

目前，湄公河三角洲约有近50平方千米的水面被用来养殖绿螯虾，该地大部分池塘位于前江沿岸的省份。安江、同塔、永隆、槟椥、芹苴等省份均在努力调整其生产结构，以应付每年湄公河流域的洪水。

槟椥省目前拥有24平方千米绿螯虾场，同塔省有15平方千米，安江省6平方千米，芹宜省4平方千米。当地养殖户通常通过结合水稻种植或与黑虎虾轮流养殖的方式来提高产能。绿螯虾养殖的扩大，归功于繁殖种群的稳定供应。由于效益高以及拥有良好的畜牧养殖技术，再加上日益增长的消费需求，带动了产品扩张。

▶知识窗

国航每周有航班自昆明飞往琅勃拉邦，自北京、昆明飞往万象；万象与琅勃拉邦之间有往来航班，也可以搭乘汽车到达。

国航、柬埔寨航空公司每周有航班自北京、上海飞往金边。

国航、越南航空公司每周有航班自北京、广州飞往西贡，自西贡可乘长途车前往湄公河三角洲，也可以跟随当地的旅行团前往，两晚三天大约40美金。

拓展思考

1. 如果你到了湄公河三角洲，最想去看什么？
2. 能代表湄公河三角洲的是什么？

哥伦比亚山谷湿地

Ge Lun Bi Ya Shan Gu Shi Di

不列颠哥伦比亚省的哥伦比亚山谷湿地向来以面积宽广而闻名世界，然而更多人知晓它还是源于那里栖息着多达 265 余种鸟类。从卡纳尔弗拉茨到唐纳德 180 千米的区域是北美最长的绵延湿地之一，总面积达 260 平方千米，整个平原非常平坦，宽度在 1～2 千米之间。这里也当之无愧地成为观鸟节的最佳举办地。

由于人为和各种自然因素，世界上已经有越来越多的物种濒临灭绝。

※ 哥伦比亚山谷湿地的鸟和植物

目前，哥伦比亚山谷湿地最令人担忧的生物物种是北部豹蛙和白鲟，它们已经濒临灭绝，另两种不幸上榜的物种是草原隼和短耳鸮。许多迁徙性水禽和鸣鸟物种也因此而受到影响，它们每年都会来到这里，寻找迁徙途中的避难所或者安全、适宜的筑巢地点。一旦湿地消失，它们会受到严重的侵害，它们的种群数量也会大幅的减少。

▶ 知识窗

　　湿地是一片特殊地区，由于河水会在这里积聚一定的时间，一般就会形成渍水、缺氧的土壤，其中会长满各种亲水植物。湿地发挥着重要的生态作用，不仅可以为不同类型的动植物提供栖息地，而且能够除去水中90％的沉积物和毒素。湿地还有助于通过减缓大气中二氧化碳的排放速度，有效地阻止全球变暖。

拓展思考

1. 你知道的鸟类有多少种？
2. 哥伦比亚山谷湿地的气候是怎么样的？

地球上的湖泊湿地